高等学校土建类专业规划教材

BIM建筑工程造价

王 舜 王柳燕 主编 王 洋 陶延华 副主编

化学工业出版社

·北京·

内容简介

《BIM 建筑工程造价》由 BIM 领域高校科研团队、建筑企业和一线工程师共同编写。全书共分 8 章，包括：建筑工程计量与计价基础知识，建筑工程量计算准备工作，基础层工程量计算，首层工程量计算，标准层工程量计算，屋面层工程量计算，装修及零星工程量计算，BIM 建筑工程计价。全书内容是基于当前应用型本科教学改革发展需要和行业用人需求编写的，结构严谨，BIM 应用知识全面，具有典型性，且案例翔实，使读者在学习广联达 GCCP 及广联达 GTJ 软件功能的同时，也能了解和掌握 BIM 技术如何在建筑工程中更好地被应用。

《BIM 建筑工程造价》可作为本科及高职土建类土木工程专业及其他相关专业教学使用，也可供建筑工程技术人员和 BIM 爱好者参考使用。

为了更好地理解，书中的重点操作和应用案例，录制了软件应用视频，可扫描二维码观看。

图书在版编目（CIP）数据

BIM 建筑工程造价/王舜，王柳燕主编；王洋，陶
延华副主编. —北京：化学工业出版社，2022.4（2023.2 重印）
ISBN 978-7-122-40758-0

Ⅰ.①B⋯　Ⅱ.①王⋯ ②王⋯ ③王⋯ ④陶⋯　Ⅲ.①
建筑工程-计量-教材 ②建筑造价-教材　Ⅳ.①TU723.32

中国版本图书馆 CIP 数据核字（2022）第 021336 号

责任编辑：陶艳玲　　　　　　　　　　文字编辑：师明远
责任校对：李雨晴　　　　　　　　　　装帧设计：张　辉

出版发行：化学工业出版社（北京市东城区青年湖南街 13 号　邮政编码 100011）
印　　刷：北京云浩印刷有限责任公司
装　　订：三河市振勇印装有限公司
787mm×1092mm　1/16　印张 12½　字数 331 千字　2023 年 2 月北京第 1 版第 2 次印刷

购书咨询：010-64518888　　　　　　　售后服务：010-64518899
网　　址：http://www.cip.com.cn
凡购买本书，如有缺损质量问题，本社销售中心负责调换。

定　　价：39.00 元

前言

建筑信息模型 BIM 是这几年新兴的在计算机辅助设计（CAD）等技术基础上发展起来的多维模型信息集成技术，是对建筑工程物理特征和功能特性信息的数字化承载和可视化表达。BIM 技术的普及和应用离不开从业人员的技能，而从业人员 BIM 技能的掌握离不开 BIM 技术实训的学习。本书作为沈阳大学转型发展教材建设专项支持计划的一部分，在内容的编排上，兼顾 BIM 在工程量计算和工程造价中的应用这两个方面，力求案例项目突出典型性，易于读者举一反三地学习，软件功能和应用讲解上力求浅显易懂，有助于初学者掌握 BIM 软件操作。

本书基于当前应用型本科教学改革发展需要和行业用人需求，在化学工业出版社的大力支持下，由 BIM 领域高校科研团队、建筑企业和一线工程师共同编写，主要以 BIM 中工程量计算和工程计价软件操作为主线，结合工程案例，从 BIM 实践应用需求出发，构建了 BIM 课程内容和知识体系，具有理论性、综合性、实践指导性等特点。《BIM 建筑工程造价》可供本科及高职土建类工程管理专业及其他相关专业教学使用，也可供建筑工程技术人员和 BIM 的爱好者参考使用。

《BIM 建筑工程造价》全书共 8 章，第 1 章主要阐述建筑工程计量与计价基础知识，系统地介绍了 BIM 的特点和价值，国内外发展现状，BIM 技术应用简介；第 2 章主要是建筑工程量计算准备工作，重点对 BIM 在建设项目中的应用模式以及在建设项目全生命周期中的应用进行了阐述；第 3 章对基础层工程量计算进行了较为系统的介绍；第 4 章主要讲解首层工程量计算；第 5 章对标准层工程量计算进行讲解；第 6 章主要对屋面层工程量计算进行论述；第 7章主要讲解装修及零星工程量计算；第 8 章以广联达 GCCP 云计价平台对 BIM 建筑工程计价展开论述。

为了更好地理解，书中的部分操作和应用案例，录制了应用视频，可扫描二维码观看。

本书由沈阳大学王舜、王柳燕担任主编，王洋、陶延华任副主编。全书 8 章编写分工如下：第 1 章、第 5 章由王洋编写；第 2 章由沈阳大学王柳燕编写；第 3 章、第 4 章由朱江编写；第 6 章、第 7 章由杜东宁编写；第 8 章由沈阳大学王舜编写。本书大纲及全书统稿由沈阳大学王柳燕负责，沈阳大学王舜负责本书的内容调整和文字修改，北京住总集团有限责任公司陶延华工程师提供了书中的应用案例和应用实践。另外，沈阳大学研究生刘训梅和石峻斌参与了部分章节的编写和校核工作，研究生李红和郭欣怡参与了本书电子资源的录制与校核工作。

由于编者水平有限，书中难免有不当之处，恳请广大读者和专家予以指正，提出宝贵意见和建议。本书在编写过程中参考了大量的国内优秀教材，在此对有关作者一并表示感谢。

编者

2022 年 1 月

目 录

▶ **参考文献** 192

第1章

建筑工程计量与计价基础知识

本章学习要求：

1. 掌握建筑工程计量与计价的基本原理；

2. 掌握建筑工程计量与计价的基本方法；

3. 了解 BIM 建筑工程计量和计价软件。

1.1 建筑工程计量与计价的基本原理

1.1.1 建设项目相关概念及其分解

(1) 建设项目的概念和特点

项目是在一定的约束条件下（主要是限定资源、限定时间），具有特定目标的一次性任务。

建设项目是一项固定资产投资项目，它是将一定量的投资，在时间、资源、质量的约束条件下，按照一个科学程序，经过投资决策（主要是可行性研究）和实施（勘查、设计、施工、竣工验收），最终形成固定资产特定目标的一次性建设任务。

建设项目不仅具有一般项目的特征，还有自身的一些特殊性。

①建设项目的交付成果是一个一定规模的工程技术系统。

建设项目的交付成果有明确的系统范围和结构形式，具有完备的使用功能。

②建设项目具有特定的目标。

从总体上说，建设项目的存在价值通常是为了解决上层系统的问题，实现上层组织的战略。所以对上层系统问题的解决程度，或项目任务的完成对上层组织战略的贡献是项目的总体目标。但对项目组织本身，具体地说有如下特定的目标：

a. 质量目标。即要达到预定的工程系统的特性、使用功能、质量、技术标准等方面的要求。项目的总目标是通过提供符合预定质量和使用功能要求的产品或服务实现的。

b. 成本目标。即以尽可能少的建设费用（投资、成本）完成预定的项目任务，达到预定的功能要求，提高项目的整体经济效益。任何建设项目必然存在着与任务（目标、工程项目范围和质量标准）相关的（或者说相匹配的）投资、费用或成本预算。

c. 时间目标。人们对建设项目的需求有一定的时间限制，希望尽快地实现项目的目标，发挥工程的效用，没有时间限制的建设项目是不存在的。这有两方面的意义：一是一个建设项目的持续时间是一定的，即任何建设项目不可能无限期延长，否则这个项目是无意义的。例如，规定一个工厂建设项目必须在四年内完成。二是市场经济条件下工程的作用、功能、价值只能在历史阶段中体现出来，则建设项目必须在特定的时间范围（如 2017 年 1 月～2019 年 12 月）内进行。例如，企业投资开发新产品，只有尽快地将该工程建成投产，产品及时占领市场、该项目才有价值。否则因时间拖延，被其他企业捷足先登，则该项目就失去了它原有的价值。因此，建设项目的时间限制通常由项目开始时间、持续时间和结束时间等构成。

（2）建设项目的内容

建设项目的内容可用图 1-1 表示。

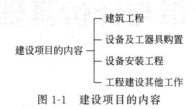

图 1-1　建设项目的内容

1）建筑工程

建筑工程是指通过对各类房屋建筑及其附属设施的建造和其配套的线路、管道、设备的安装活动所形成的工程实体。主要包括以下几类：

① 永久性和临时性的各种建筑物和构筑物，如住宅、办公楼、厂房、医院、学校、矿井、水塔、栈桥等新建、扩建、改建或复建工程；

② 各种民用管道和线路的敷设工程，如与房屋建筑及其附属设施相配套的电气、给排水、暖通、通信、智能化、电梯等线路、管道、设备的安装活动；

③ 设备基础；

④ 炉窑砌筑；

⑤ 金属结构件工程；

⑥ 农田水利工程等。

2）设备及工器具购置

设备及工器具购置是指按设计文件规定，对用于生产或服务于生产的达到固定资产的设备、工器具的加工、订购和采购。

3）设备安装工程

设备安装工程是指永久性和临时性生产、动力、起重、运输、传动等设备的装备、安装工程，以及附属于被安装设备的管线敷设、绝缘、保温、刷油等工程。

4）工程建设其他工作

工程建设其他工作是指上述三项工作之外与建设项目有关的各项工作。其内容因建设项目性质的不同而有所差异。如新建工程主要包括征地、拆迁安置、七通一平、勘察、设计、招投标、施工、竣工验收和试车等。

（3）建设项目的分解结构

一个建设项目是一个完整配套的综合性产品，从上到下可分解为多个项目分项，可分为：

建设项目→单项工程→单位工程→分部工程→分项工程

1）单项工程

单项工程是指在一个建设项目中，具有独立的设计文件，竣工后可以独立发挥生产能力或效益的一组配套齐全的工程项目。单项工程是建设项目的组成部分，一个建设项目可以分解为一个单项工程，也可以分解为多个单项工程。

对于生产性建设项目的单项工程，一般是指具有独立生产能力的建筑物，如一个工厂中的某生产车间；对于非生产性建设项目的单项工程，一般是指具有独立使用功能的建筑物。如一所学校的办公楼、教学楼、宿舍、图书馆、食堂等。单项工程造价是通过编制单项工程综合概预算来确定的。

2）单位工程

单位工程是指在一个单项工程中可以独立设计，也可以独立组织施工，但是竣工后一般不能独立发挥生产能力或效益的工程。单位工程是单项工程的组成部分，一个单项工程可以分解为若干个单位工程。如办公楼这个单项工程可以分解为土建、装饰、电气照明、室内给排水等单位工程。单位工程是进行工程成本核算的对象。单位工程造价是通过编制单位工程概预算来确定的。

3）分部工程

分部工程是指在一个单位工程中按照建筑物的结构部位或主要工种工程划分的工程分项。分部工程是单位工程的组成部分，一个单位工程可以分解为若干个分部工程。如办公楼单项工程中的土建单位工程可以分解为土石方工程、地基与基础工程、砌体工程、钢筋混凝土工程、楼地面工程、屋面工程、门窗工程等分部工程。

4）分项工程

分项工程是指在分部工程中按照选用的施工方法、所使用的材料、结构构件规格等不同因素划分的施工分项。分项工程是分部工程的组成部分，一个分部工程可以分解为若干个分项工程。

分项工程具有以下几个特点：

① 能用最简单的施工过程去完成；

② 能用一定的计量单位计算；

③ 能计算出某一计量单位的分项工程所需耗用的人工、材料和机械台班的数量。如土建单位工程中的钢筋混凝土工程可以分解为现浇混凝土条形基础、现浇框架柱、现浇框架梁、现浇板等分项工程。

1.1.2 建设工程造价的构成

工程造价就是建设项目总投资中的固定资产投资部分，是建设项目从筹建到竣工交付使用的整个建设过程所花费的全部固定资产投资费用。根据国家发展和改革委员会、住房和城乡建设部发行的《国家发展改革委、建设部关于印发建设项目经济评价方法与参数的通知》（发改投资〔2006〕1325 号），工程造价由工程费用、工程建设其他费用、预备费、建设期利息和固定资产投资方向调节税（目前已暂停征收）构成，如图 1-2 所示。

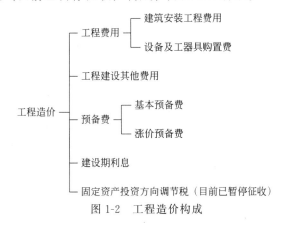

图 1-2　工程造价构成

(1) 建筑安装工程费 (按照费用构成要素划分)

根据住房和城乡建设部《住房城乡建设部 财政部关于印发〈建筑安装工程费用项目组成〉(建标 [2013] 44 号) 的通知》的规定, 建筑安装工程费按照费用构成要素划分: 由人工费、材料 (包含工程设备, 下同) 费、施工机具使用费、企业管理费、利润、规费和税金组成。其中人工费、材料费、施工机具使用费、企业管理费和利润包含在分部分项工程费、措施项目费、其他项目费中 (见图 1-3)。

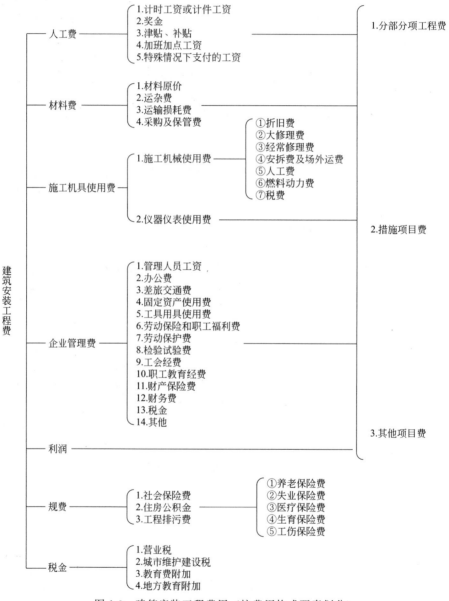

图 1-3　建筑安装工程费用 (按费用构成要素划分)

1) 人工费

人工费是指按工资总额构成规定, 支付给从事建筑安装工程施工的生产工人和附属生产单位工人的各项费用。内容包括:

① 计时工资或计件工资，是指按计时工资标准和工作时间或对已做工作按计件单价支付给个人的劳动报酬。

② 奖金是指对超额劳动和增收节支支付给个人的劳动报酬。如节约奖、劳动竞赛奖等。

③ 津贴补贴是指为了补偿职工特殊或额外的劳动消耗和因其他特殊原因支付给个人的津贴，以及为了保证职工工资水平不受物价影响支付给个人的物价补贴。如流动施工津贴、特殊地区施工津贴、高温（寒）作业临时津贴、高空津贴等。

④ 加班加点工资是指按规定支付的在法定节假日工作的加班工资和在法定日工作时间外延时工作的加点工资。

⑤ 特殊情况下支付的工资是指根据国家法律、法规和政策规定，因病、工伤、产假、计划生育假、婚丧假、事假、探亲假、定期休假、停工学习、执行国家或社会义务等原因按计时工资标准或计时工资标准的一定比例支付的工资。

2）材料费

材料费是指施工过程中耗费的原材料、辅助材料、构配件、零件、半成品或成品、工程设备的费用。内容包括：

① 材料原价：是指材料、工程设备的出厂价格或商家供应价格。

② 运杂费：是指材料、工程设备自来源地运至工地仓库或指定堆放地点所发生的全部费用。

③ 运输损耗费：是指材料在运输装卸过程中不可避免的损耗。

④ 采购及保管费：是指为组织采购、供应和保管材料、工程设备的过程中所需要的各项费用。包括采购费、仓储费、工地保管费、仓储损耗。

⑤ 工程设备：是指构成或计划构成永久工程一部分的机电设备、金属结构设备、仪器装置及其他类似的设备和装置。

3）施工机具使用费

施工机具使用费是指施工作业所发生的施工机械、仪器仪表使用费或其租赁费。施工机具使用费以施工机械台班耗用量乘以施工机械台班单价表示，施工机械台班单价应由下列七项费用组成：

① 折旧费：指施工机械在规定的使用年限内，陆续收回其原值的费用。

② 大修理费：指施工机械按规定的大修理间隔台班进行必要的大修理，以恢复其正常功能所需的费用。

③ 经常修理费：指施工机械除大修理以外的各级保养和临时故障排除所需的费用。包括为保障机械正常运转所需替换设备与随机配备工具附具的摊销和维护费用，机械运转中日常保养所需润滑与擦拭的材料费用及机械停滞期间的维护和保养费用等。

④ 安拆费及场外运费：安拆费指施工机械（大型机械除外）在现场进行安装与拆卸所需的人工、材料、机械和试运转费用以及机械辅助设施的折旧、搭设、拆除等费用；场外运费指施工机械整体或分体自停放地点运至施工现场或由一施工地点运至另一施工地点的运输、装卸、辅助材料及架线等费用。

⑤ 人工费：指机上司机（司炉）和其他操作人员的人工费。

⑥ 燃料动力费：指施工机械在运转作业中所消耗的各种燃料及水、电等。

⑦ 税费：指施工机械按照国家规定应缴纳的车船使用税、保险费及年检费等。

⑧ 仪器仪表使用费：是指工程施工所需使用的仪器仪表的摊销及维修费用。

4）企业管理费

企业管理费是指建筑安装企业组织施工生产和经营管理所需的费用。内容包括：

① 管理人员工资：是指按规定支付给管理人员的计时工资、奖金、津贴补贴、加班加点工资及特殊情况下支付的工资等。

② 办公费：是指企业管理办公用的文具、纸张、账表、印刷、邮电、书报、办公软件、现场监控、会议、水电、烧水和集体取暖降温（包括现场临时宿舍取暖降温）等费用。

③ 差旅交通费：是指职工因公出差、调动工作的差旅费、住勤补助费，市内交通费和误餐补助费，职工探亲路费，劳动力招募费，职工退休、退职一次性路费，工伤人员就医路费，工地转移费以及管理部门使用的交通工具的油料、燃料等费用。

④ 固定资产使用费：是指管理和试验部门及附属生产单位使用的属于固定资产的房屋、设备、仪器等的折旧、大修、维修或租赁费。

⑤ 工具用具使用费：是指企业施工生产和管理使用的不属于固定资产的工具、器具、家具、交通工具和检验、试验、测绘、消防用具等的购置、维修和摊销费。

⑥ 劳动保险和职工福利费：是指由企业支付的职工退职金、按规定支付给离休干部的经费，集体福利费、夏季防暑降温、冬季取暖补贴、上下班交通补贴等。

⑦ 劳动保护费：是企业按规定发放的劳动保护用品的支出。如工作服、手套、防暑降温饮料以及在有碍身体健康的环境中施工的保健费用等。

⑧ 检验试验费：是指施工企业按照有关标准规定，对建筑以及材料、构件和建筑安装物进行一般鉴定、检查所发生的费用，包括自设试验室进行试验所耗用的材料等费用。不包括新结构、新材料的试验费，对构件做破坏性试验及其他特殊要求检验、试验的费用和建设单位委托检测机构进行检测的费用，对此类检测发生的费用，由建设单位在工程建设其他费用中列支。但对施工企业提供的具有合格证明的材料进行检测不合格的，该检测费用由施工企业支付。

⑨ 工会经费：是指企业按《工会法》规定的全部职工工资总额比例计提的工会经费。

⑩ 职工教育经费：是指按职工工资总额的规定比例计提，企业为职工进行专业技术和职业技能培训，专业技术人员继续教育、职工职业技能鉴定、职业资格认定以及根据需要对职工进行各类文化教育所发生的费用。

⑪ 财产保险费：是指施工管理用财产、车辆等的保险费用。

⑫ 财务费：是指企业为施工生产筹集资金或提供预付款担保、履约担保、职工工资支付担保等所发生的各种费用。

⑬ 税金：是指企业按规定缴纳的房产税、车船使用税、土地使用税、印花税等。

⑭ 其他：包括技术转让费、技术开发费、投标费、业务招待费、绿化费、广告费、公证费、法律顾问费、审计费、咨询费、保险费等。

5）利润

利润是指施工企业完成所承包工程获得的盈利。

6）规费

规费是指按国家法律、法规规定，由省级政府和省级有关权力部门规定必须缴纳或计取的费用。包括以下各项。

① 社会保险费：包括养老保险费、失业保险费、医疗保险费、生育保险费、工伤保险费。

② 住房公积金：是指企业按规定标准为职工缴纳的住房公积金。

③ 工程排污费：是指按规定缴纳的施工现场工程排污费。

④ 其他应列而未列入的规费，按实际发生计取。

7）税金

税金是指国家税法规定的应计入建筑安装工程造价内的营业税、城市维护建设税、教育费附加以及地方教育附加。

（2）建筑安装工程费（按造价形成划分）

建筑安装工程费按照工程造价形成由分部分项工程费、措施项目费、其他项目费、规费、税金组成，分部分项工程费、措施项目费、其他项目费包含人工费、材料费、施工机具使用费、企业管理费和利润（见图 1-4）。

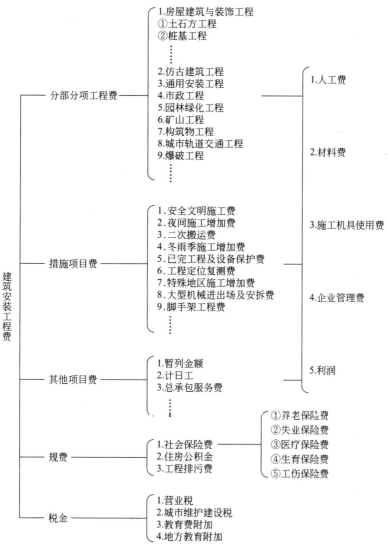

图 1-4   建筑安装工程费（按造价形成划分）

1）分部分项工程费

分部分项工程费是指各专业工程的分部分项工程应予列支的各项费用。

① 专业工程：是指按现行国家计量规范划分的房屋建筑与装饰工程、仿古建筑工程、通用安装工程、市政工程、园林绿化工程、矿山工程、构筑物工程、城市轨道交通工程、爆破工程等各类工程。

② 分部分项工程：指按现行国家计量规范对各专业工程划分的项目。如房屋建筑与装饰工程划分的土石方工程、地基处理与桩基工程、砌筑工程、钢筋及钢筋混凝土工程等。

各类专业工程的分部分项工程划分见现行国家或行业计量规范。

2）措施项目费

措施项目费是指为完成建设工程施工，发生于该工程施工前和施工过程中的技术、生活、安全、环境保护等方面的费用。内容包括：

① 安全文明施工费：包括环境保护费、文明施工费、安全施工费、临时设施费。

② 夜间施工增加费：是指因夜间施工所发生的夜班补助费、夜间施工降效、夜间施工照明设备摊销及照明用电等费用。

③ 二次搬运费：是指因施工场地条件限制而发生的材料、构配件、半成品等一次运输不能到达堆放地点，必须进行二次或多次搬运所发生的费用。

④ 冬雨季施工增加费：是指在冬季或雨季施工需增加的临时设施、防滑、排除雨雪，人工及施工机械效率降低等费用。

⑤ 已完工程及设备保护费：是指竣工验收前，对已完工程及设备采取的必要保护措施所发生的费用。

⑥ 工程定位复测费：是指工程施工过程中进行全部施工测量放线和复测工作的费用。

⑦ 特殊地区施工增加费：是指工程在沙漠或其边缘地区、高海拔、高寒、原始森林等特殊地区施工增加的费用。

⑧ 大型机械设备进出场及安拆费：是指机械整体或分体自停放场地运至施工现场或由一个施工地点运至另一个施工地点，所发生的机械进出场运输及转移费用及机械在施工现场进行安装、拆卸所需的人工费、材料费、机械费、试运转费和安装所需的辅助设施的费用。

⑨ 脚手架工程费：是指施工需要的各种脚手架搭、拆、运输费用以及脚手架购置费的摊销（或租赁）费用。

措施项目及其包含的内容详见各类专业工程的现行国家或行业计量规范。

3）其他项目费

① 暂列金额：是指建设单位在工程量清单中暂定并包括在工程合同价款中的一笔款项。用于施工合同签订时尚未确定或者不可预见的所需材料、工程设备、服务的采购，施工中可能发生的工程变更、合同约定调整因素出现时的工程价款调整以及发生的索赔、现场签证确认等的费用。

② 计日工：是指在施工过程中，施工企业完成建设单位提出的施工图纸以外的零星项目或工作所需的费用。

③ 总承包服务费：是指总承包人为配合、协调建设单位进行的专业工程发包，对建设单位自行采购的材料、工程设备等进行保管以及施工现场管理、竣工资料汇总整理等服务所需的费用。

4）规费

定义同建筑安装工程费（按照费用构成要素划分）。

5）税金

定义同建筑安装工程费（按照费用构成要素划分）。

1.2 建筑工程计量与计价的基本方法

1.2.1 建筑工程计量的基本方法

(1) 建筑工程计量依据

工程量计算的主要依据有以下三个：

① 经审定的施工设计图纸及设计说明；

②《房屋建筑与装饰工程工程量计算规范》和各地的建筑、装饰工程预算定额；

③ 审定的施工组织设计、施工技术措施方案和施工现场情况。

（2）建筑工程计量原则

计算工程量应遵循的原则如下：

① 工程量计算所用原始数据必须和设计图纸相一致。

② 计算口径（工程子目所包括的工作内容）必须与《房屋建筑与装饰工程工程量计算规范》（GB 50854—2013）和各地的建筑、装饰工程预算定额相一致。

③ 工程量计算规则必须与《房屋建筑与装饰工程工程量计算规范》（GB 50854—2013）和各地的建筑、装饰工程预算定额相一致。

④ 工程量的计量单位必须与《房屋建筑与装饰工程工程量计算规范》（GB 50854—2013）和各地的建筑、装饰工程预算定额相一致。

⑤ 工程量计算的准确度要求。工程量的数字计算一般应精确到小数点后 3 位，汇总时其准确度取值要达到：立方米（m^3）、平方米（m^2）及米（m）取两位小数；吨（t）以下取 3 位小数；千克（kg）、件（台或套）等取整数。

⑥ 按图纸结合建筑物的具体情况进行计算。一般应做到主体结构分层计算；内装修按分层分房间计算；外装修分立面计算，或按施工方案的要求分段计算。

（3）建筑工程计量方法

工程量计算的方法如下。

① 单位工程计算顺序：按分层、分块、分构件和工程量列项四步来进行计算。

② 单个分项工程的计算顺序：对于同一层中同一个清单编号或定额编号的分项工程，在计算工程量时为了不重项、不漏项，单个分项工程的计算顺序一般遵循以下四种顺序中的某一种：

a. 按照顺时针方向计算；

b. 按照先横后竖、先上后下、先左后右的顺序计算；

c. 按轴线编号顺序计算；

d. 按图纸构配件编号分类依次进行计算。

1.2.2　建筑工程计价的基本方法

工程造价计价是指建设项目工程造价的计算与确定。具体是指工程造价人员在项目实施的各个阶段，根据各个阶段的不同要求，遵循计价原则和程序，采用科学的计价方法，对投资项目最可能实现的合理价格作出科学的计算，从而确定投资项目的工程造价，编制工程造价的经济文件。

（1）建筑工程计价原理

工程造价计价的一个主要特点是具有多次性计价，既包括业主方、咨询方和设计方计价，也包括承包方计价，虽然形式不同，但工程造价计价的基本原理是相同的，不同之处就是对于不同的计价主体，成本和利润的内涵是不同的。

工程造价＝工程成本＋利润。

工程造价计价的另一个主要特点是组合性计价，具体表现形式为先把建设项目按工程结构分解进行。

（2）建筑工程计价模式

清单计价模式是建设工程招标投标中，招标人或委托具有资质的中介机构按照国家统一的工程量清单计价规范，编制反映工程实体消耗和措施消耗的工程量清单，并作为招标文件的一部分提供给投标人，由投标人依据工程量清单，根据各种渠道所得的工程造价信息和经验数据，结合企业定额自主报价的计价方式。清单计价模式的一般原理如图 1-5 所示。

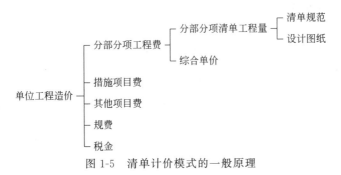

图 1-5 清单计价模式的一般原理

1.3 BIM 建筑工程计量软件 GTJ2021

BIM 建筑工程计量软件 GTJ2021 平台内置《房屋建筑与装饰工程工程量计算规范》及全国各地清单定额计算规则、G101 系列平法钢筋规则，通过智能识别 dwg 图纸、一键导入 BIM 设计模型、云协同等方式建立 BIM 土建计量模型，帮助工程造价企业和从业者解决土建专业估概算、招投标预算、施工进度变更、竣工结算全过程各阶段的算量、提量、检查、审核全流程业务，实现一站式的 BIM 土建计量服务（数据 & 应用）。GTJ2021 的功能如图 1-6 所示。

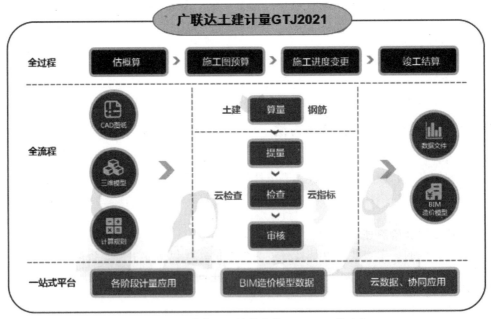

图 1-6 BIM 建筑工程计量软件 GTJ2021 的功能

1.4　BIM 建筑工程计价软件 GCCP5.0

　　BIM 建筑工程计价软件 GCCP5.0 是迎合数字建筑平台服务商战略转型，为计价客户群，提供概算、预算、结算阶段的数据编制、审核、积累、分析和挖掘再利用的平台产品，于 2015 年研发完成并投放市场。平台基于大数据、云计算等信息技术，实现计价全业务一体化，全流程覆盖，从而使造价工作更高效、更智能。GCCP5.0 的功能如图 1-7 所示。

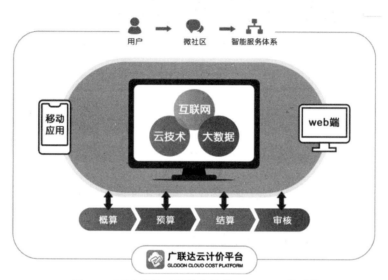

图 1-7　BIM 建筑工程计价软件 GCCP5.0 的功能

第 2 章

建筑工程量计算准备工作

本章学习要求：

1. 正确选择清单与定额规则，以及相应的清单库和定额库完成新建工程；
2. 正确进行工程信息的输入以及工程计算设置；
3. 正确定义楼层以及统一设置各类构件混凝土强度等级；
4. 了解 CAD 识图的基本流程，掌握 CAD 识图的具体操作方法。

2.1　新建工程

（1）新建

在新建项目之前，首先要对图纸的"设计总说明"进行分析，了解工程
设计中所遵循的标准、规范和规程，按照相应的规范进行工程的新建。首先启动软件，进入
"开始"页面，单击"新建"即可建立新的工程，如图 2-1 所示。

新建工程

图 2-1　新建工程

（2）计算规则选择

单击"新建"，进入"新建工程"界面，输入各项工程信息。

① 工程名称：按图纸名称输入，保存时会作为默认的文件名。本工程命
名为"1 号办公楼"。

② 计算规则：如图 2-2 所示。

③ 平法规则：选择"16 系平法规则"。

新建工程设置

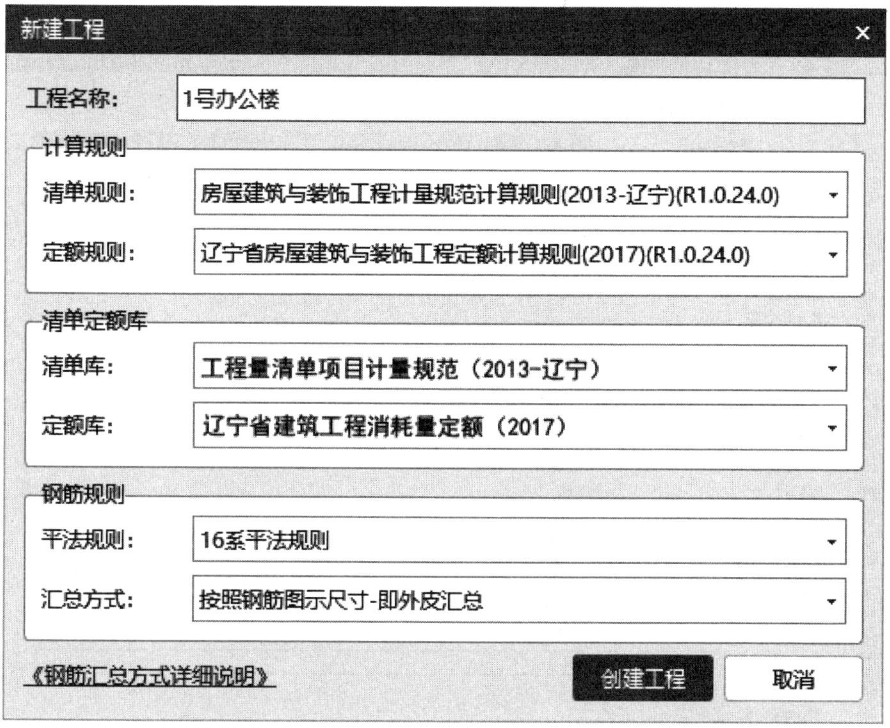

图 2-2 计算规则

单击"创建工程"完成工程的创建。

2.2 计算设置

在创建工程后，进入软件界面，如图 2-3 所示，分别对基本设置、土建设置、钢筋设置进行信息的修改和输入。

图 2-3 工程设置修改

（1）基本设置

首先对基本设置中的"工程信息"进行修改。单击"工程信息"，出现界面如图 2-4 所示。蓝色字体为必填部分，黑色字体所示信息只起到标识作用，对计算结果没有影响，可填可不填。

由图纸结施-01 可知：结构类型为框架结构；抗震设防烈度为 7 度；结构抗震等级为三级；抗震构造措施为二级。

由图纸建施-01 可知：室内外地坪差为 0.45m。

檐高：7.65m（设计室内外地坪到屋面板板顶高度 7.2m＋0.45m＝7.65m）。

填写信息如图 2-4、图 2-5 所示。

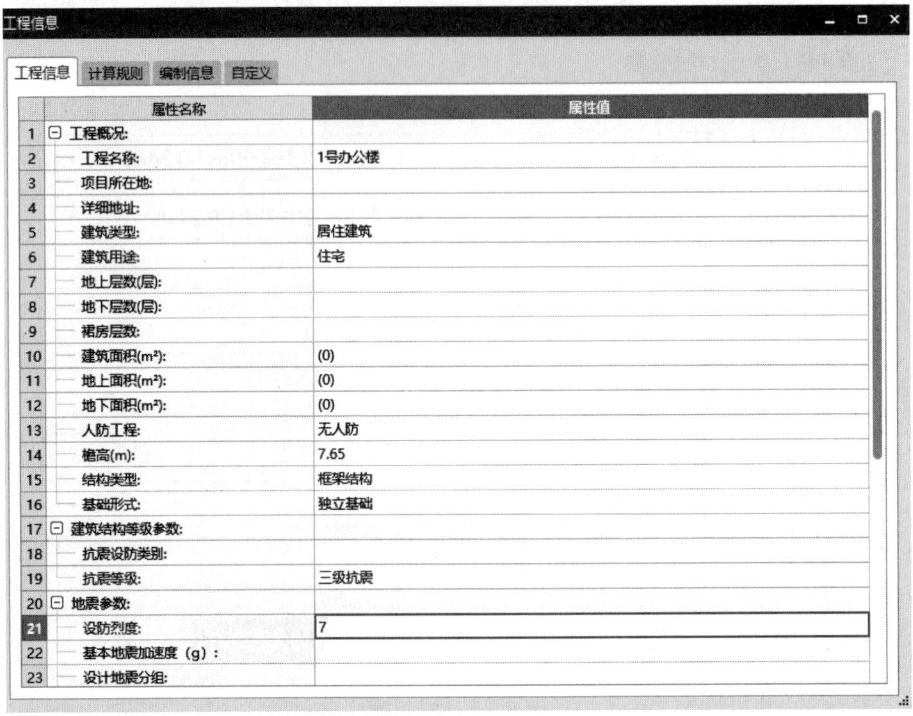

	属性名称	属性值
1	⊟ 工程概况:	
2	工程名称:	1号办公楼
3	项目所在地:	
4	详细地址:	
5	建筑类型:	居住建筑
6	建筑用途:	住宅
7	地上层数(层):	
8	地下层数(层):	
9	裙房层数:	
10	建筑面积(m²):	(0)
11	地上面积(m²):	(0)
12	地下面积(m²):	(0)
13	人防工程:	无人防
14	檐高(m):	7.65
15	结构类型:	框架结构
16	基础形式:	独立基础
17	⊟ 建筑结构等级参数:	
18	抗震设防类别:	
19	抗震等级:	三级抗震
20	⊟ 地震参数:	
21	设防烈度:	7
22	基本地震加速度（g）：	
23	设计地震分组:	

图 2-4 “工程信息”界面

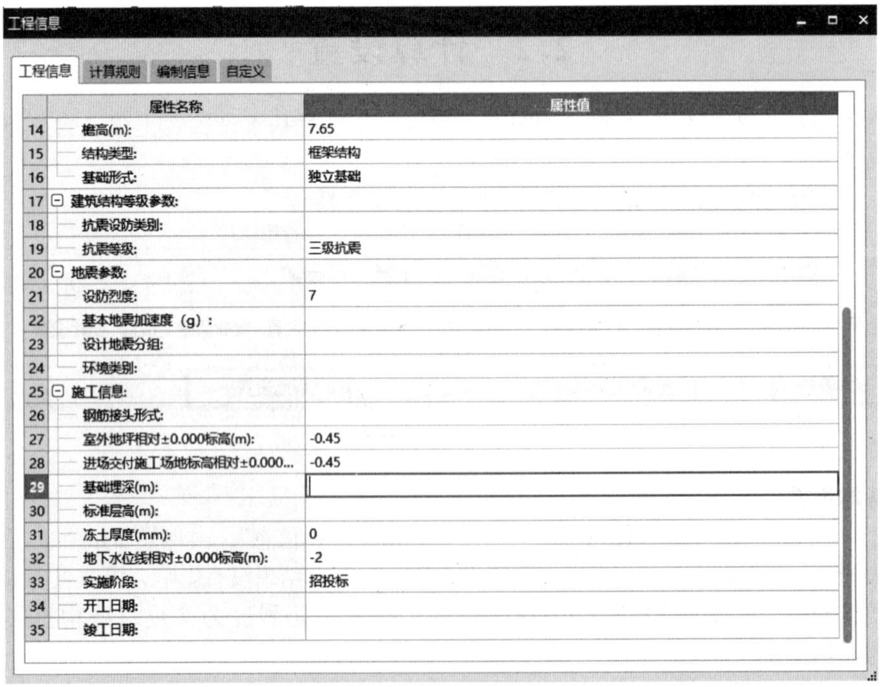

	属性名称	属性值
14	檐高(m):	7.65
15	结构类型:	框架结构
16	基础形式:	独立基础
17	⊟ 建筑结构等级参数:	
18	抗震设防类别:	
19	抗震等级:	三级抗震
20	⊟ 地震参数:	
21	设防烈度:	7
22	基本地震加速度（g）：	
23	设计地震分组:	
24	环境类别:	
25	⊟ 施工信息:	
26	钢筋接头形式:	
27	室外地坪相对±0.000标高(m):	-0.45
28	进场交付施工场地标高相对±0.000...	-0.45
29	基础埋深(m):	
30	标准层高(m):	
31	冻土厚度(mm):	0
32	地下水位线相对±0.000标高(m):	-2
33	实施阶段:	招投标
34	开工日期:	
35	竣工日期:	

图 2-5 修改“工程信息”

（2）土建设置

土建规则在前面"创建工程"的时候就已选择，此处不需要修改。

（3）钢筋设置

单击"计算设置"进行数据的修改，如图 2-6 所示。

图 2-6 "钢筋设置"修改

① 修改梁计算设置：按照结施-01 设计总说明中"4.2 在主次梁连接处均应在主梁上（次梁两侧）设置附加箍筋"修改，未注明附加箍筋为每边 3 根，间距 50mm，直径、肢数同主梁箍筋。

单击"框架梁"，修改"26 次梁两侧共增加箍筋数量"为"6"，操作如图 2-7 所示。

② 修改板计算设置：按照结施-08 中板内分布钢筋表（包括楼梯跑板）修改。除注明者外，见表 2-1。

表 2-1 板内分布钢筋

楼板厚度/mm	<110	120～160
分布钢筋配筋	$\phi6@200$	$\phi8@200$

单击"板"，修改"3 分布钢筋配置"为"同一板厚的分布筋相同"，如图 2-8 所示，单击"确定"即可完成修改。

查看各层板结构施工图，"26 跨板受力筋标注长度位置"为"支座外边线"，"30 板中间支座负筋标注是否含支座"为"否"，"31 单边标注支座负筋标注长度位置"为"支座内边线"，如图 2-9 所示。

"搭接设置"修改：按照结施-01"七、通用性构造措施"中"2. 关于钢筋锚固连接"下的要求修改：板内钢筋优先采用搭接接头；梁柱纵筋优先选用机械连接接头；机械接头等级为二级。钢筋连接优先选用接卸连接，然后是搭接和焊接；采用焊接时应该有可靠的质量保障。

图 2-7 修改箍筋数量

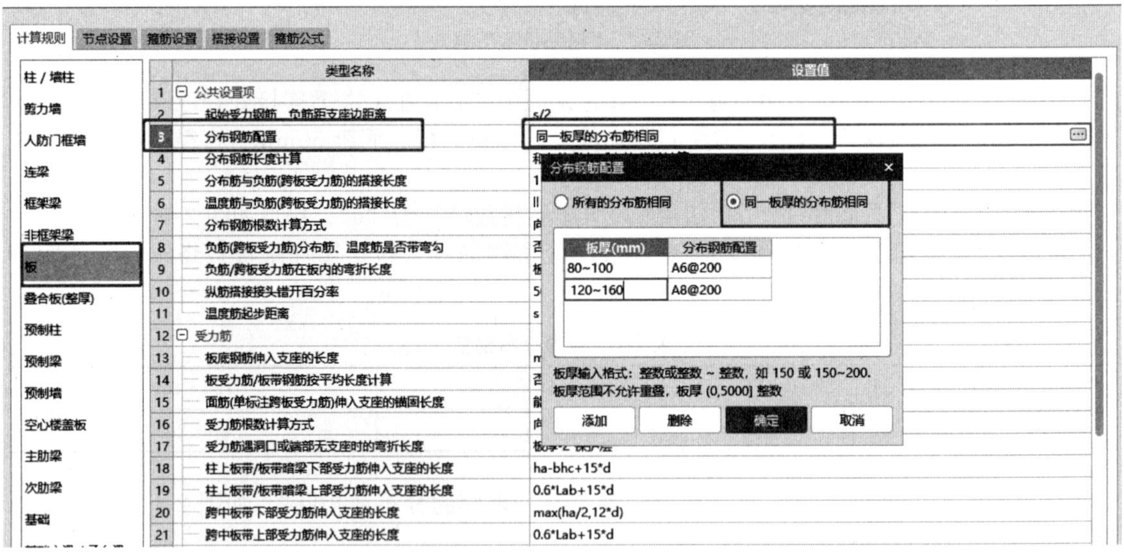

图 2-8 修改"分布钢筋配置"

钢筋直径≤14mm 时，宜采用绑扎连接，钢筋直径＞14mm 且钢筋直径≤25mm 时，可采用焊接；钢筋直径＞25mm 时应采用机械连接。修改"搭接设置"如图 2-10 所示。

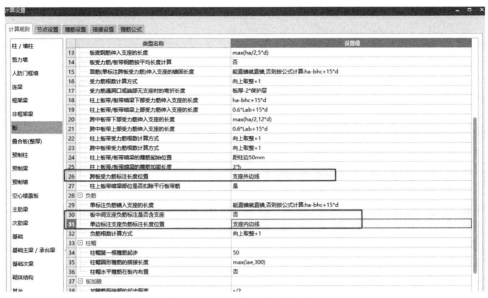

图 2-9 修改“计算规则”数据

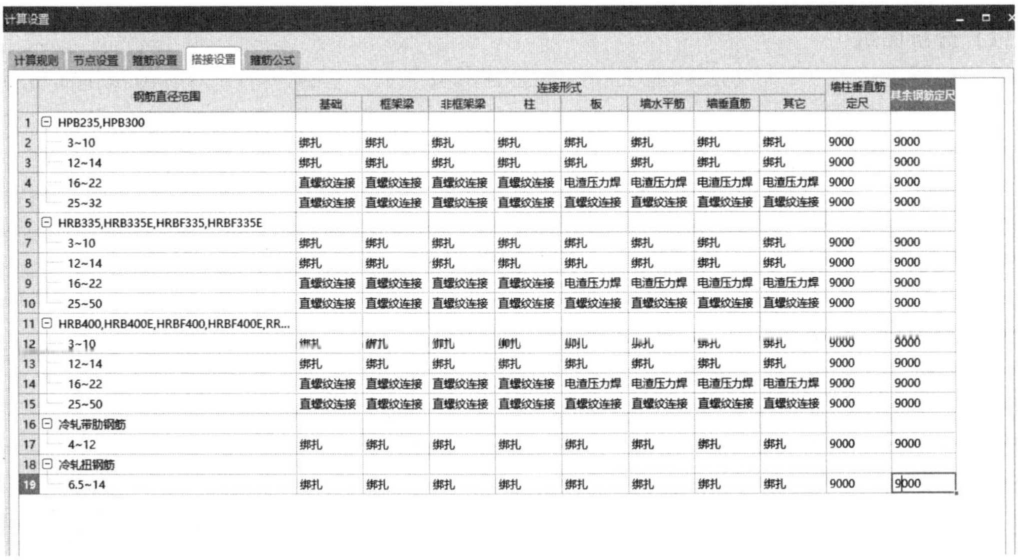

	钢筋直径范围	连接形式								墙柱垂直筋定尺	其余钢筋定尺
		基础	框架梁	非框架梁	柱	板	墙水平筋	墙垂直筋	其它		
1	HPB235,HPB300										
2	3~10	绑扎	绑扎	绑扎	绑扎	绑扎	绑扎	绑扎	绑扎	9000	9000
3	12~14	绑扎	绑扎	绑扎	绑扎	绑扎	绑扎	绑扎	绑扎	9000	9000
4	16~22	直螺纹连接	直螺纹连接	直螺纹连接	直螺纹连接	电渣压力焊	电渣压力焊	电渣压力焊	电渣压力焊	9000	9000
5	25~32	直螺纹连接	直螺纹连接	直螺纹连接	直螺纹连接	直螺纹连接	直螺纹连接	直螺纹连接	直螺纹连接	9000	9000
6	HRB335,HRB335E,HRBF335,HRBF335E										
7	3~10	绑扎	绑扎	绑扎	绑扎	绑扎	绑扎	绑扎	绑扎	9000	9000
8	12~14	绑扎	绑扎	绑扎	绑扎	绑扎	绑扎	绑扎	绑扎	9000	9000
9	16~22	直螺纹连接	直螺纹连接	直螺纹连接	直螺纹连接	电渣压力焊	电渣压力焊	电渣压力焊	电渣压力焊	9000	9000
10	25~50	直螺纹连接	直螺纹连接	直螺纹连接	直螺纹连接	直螺纹连接	直螺纹连接	直螺纹连接	直螺纹连接	9000	9000
11	HRB400,HRB400E,HRBF400,HRBF400E,RR...										
12	3~10	绑扎	绑扎	绑扎	绑扎	绑扎	绑扎	绑扎	绑扎	9000	9000
13	12~14	绑扎	绑扎	绑扎	绑扎	绑扎	绑扎	绑扎	绑扎	9000	9000
14	16~22	直螺纹连接	直螺纹连接	直螺纹连接	直螺纹连接	电渣压力焊	电渣压力焊	电渣压力焊	电渣压力焊	9000	9000
15	25~50	直螺纹连接	直螺纹连接	直螺纹连接	直螺纹连接	直螺纹连接	直螺纹连接	直螺纹连接	直螺纹连接	9000	9000
16	冷轧带肋钢筋										
17	4~12	绑扎	绑扎	绑扎	绑扎	绑扎	绑扎	绑扎	绑扎	9000	9000
18	冷轧扭钢筋										
19	6.5~14	绑扎	绑扎	绑扎	绑扎	绑扎	绑扎	绑扎	绑扎	9000	9000

图 2-10 修改“搭接设置”

“比重[1]设置”修改，单击“比重设置”对话框，将直径为 6.5mm 的钢筋比重复制到直径 6mm 的钢筋比重中，如图 2-11 所示。其余不需要修改。

计算设置

[1] 本书中比重均为密度概念，单位为 kg/m。

图 2-11 "比重设置"修改

2.3 新建楼层

(1) 分析图纸

层高的确定按照"1 号办公楼施工图（含土建和安装）"结施-01 中"结构层楼面标高表"建立，如表 2-2 所示。

表 2-2 结构层楼面标高表

楼层	类型			
	标高	结构层高	单位	备注
首层	−0.050	3.6	m	−0.050 为梁顶标高
二层	3.550	3.650	m	
屋顶层	7.200	3.6	m	
楼梯层顶层	10.800			

(2) 建立楼层

① 单击"工程设置"下的"楼层设置"，进入"楼层设置"页面，如图 2-12 所示。

鼠标定位在首层，单击"插入楼层"则插入地上楼层；鼠标定位在基础层，单击"插入层"则插到地下室，按照表 2-2 修改标高。软件默认给出首层和基础层。

新建楼层

首层的结构底标高输入−0.05m，层高输入 3.6m，板厚该层最常用的为 120mm。鼠标左键选择首层所在的行，单击"插入楼层"添加第二层，2 层层高输入 3.65m，最常用的板厚为 120mm。

按照建立第二层的方法建立第三层，3 层层高为 3.6m，修改层高后，如图 2-13 所示。

② 混凝土强度等级及保护层厚度修改：按照结施-01"六、建筑材料"中的混凝土强度等级表修改，如表 2-3 所示。

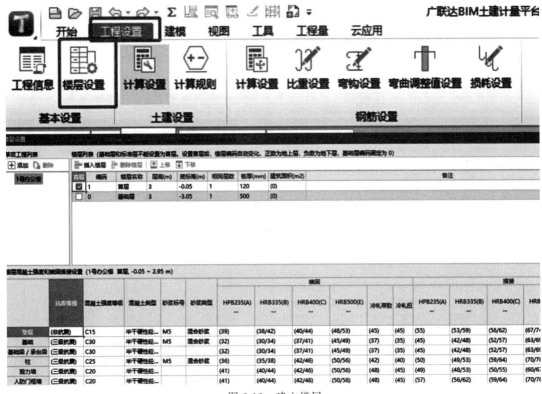

图 2-12　建立楼层

图 2-13　修改层高

表 2-3　混凝土强度等级

构件类型	混凝土等级
基础垫层	C15
基础、框架柱、结构梁板、楼梯	C30
构造柱、过梁、圈梁	C25

　　在结施-01 中，"七、通用性构造措施"中"1. 纵向受力钢筋混凝土保护层厚度"中的信息如下：基础钢筋 50mm；梁 25mm；柱 30mm；板 15mm。

　　分别修改各构件主筋的混凝土保护层厚度，首层修改结果如图 2-14 所示。

楼层设置

楼层混凝土强度和锚固搭接设置 (1号办公楼 第3层, 7.20 ~ 10.80 m)

	抗震等级	混凝土强度等级	混凝土类型	砂浆标号	砂浆类型	HPB235(A) ···	HRB335(B) ···	HRB400 ···
垫层	(非抗震)	C15	半干硬性砼	M5	混合砂浆	(39)	(38/42)	(40/44)
基础	(三级抗震)	C30	半干硬性砼	M5	混合砂浆	(32)	(30/34)	(37/41)
基础梁 / 承台梁	(三级抗震)	C30	半干硬性砼			(32)	(30/34)	(37/41)
柱	(三级抗震)	C30	半干硬性砼	M5	混合砂浆	(32)	(30/34)	(37/41)
剪力墙	(三级抗震)	C30	半干硬性砼			(32)	(30/34)	(37/41)
人防门框墙	(三级抗震)	C30	半干硬性砼			(32)	(30/34)	(37/41)
墙柱	(三级抗震)	C30	半干硬性砼			(32)	(30/34)	(37/41)
墙梁	(三级抗震)	C30	半干硬性砼			(32)	(30/34)	(37/41)
框架梁	(三级抗震)	C30	半干硬性砼			(32)	(30/34)	(37/41)
非框架梁	(非抗震)	C30	半干硬性砼			(30)	(29/32)	(35/39)
现浇板	(非抗震)	C30	半干硬性砼			(30)	(29/32)	(35/39)
楼梯	(非抗震)	C30	半干硬性砼			(30)	(29/32)	(35/39)
构造柱	(三级抗震)	C25	半干硬性砼			(36)	(35/38)	(42/46)
圈梁 / 过梁	(三级抗震)	C25	半干硬性砼			(36)	(35/38)	(42/46)
砌体墙柱	(非抗震)	C25	半干硬性砼	M5	混合砂浆	(34)	(33/36)	(40/44)
其它	(非抗震)	C25	半干硬性砼	M5	混合砂浆	(34)	(33/36)	(40/44)
叠合板(预制底板)	(非抗震)	C25	半干硬性砼			(34)	(33/36)	(40/44)

图 2-14　修改楼层信息

首层修改完成后，单击左下角"复制到其他楼层"选择其他所有楼层，单击"确定"即可，如图 2-15 所示。

图 2-15　复制楼层

完成"楼层设置"。如图 2-16 所示。

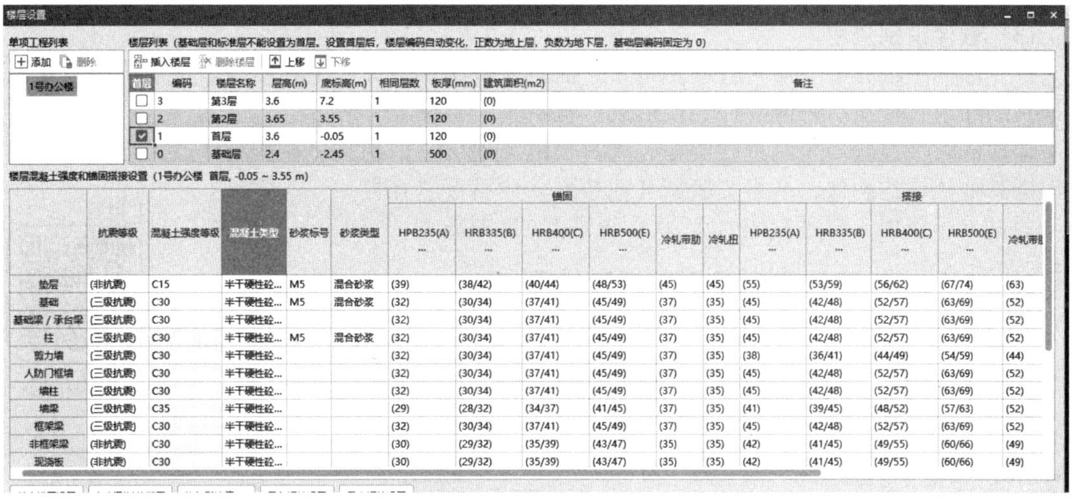

图 2-16　完成楼层设置

2.4　BIM 软件 CAD 识图

2.4.1　CAD 识别的原理

CAD 识别时软件根据建筑工程制图规则，快速从 AutoCAD 的结果中拾取构件和图元，快速完成工程建模的方法。GTJ2018 软件提供了 CAD 识别功能，可以识别 CAD 图纸文件（.dwg）支持 AutoCAD2015 等及 AutoCAD R14 版生成的图形格式文件。

CAD 识别是绘图建模的补充，CAD 识别的效率，一方面取决于图纸的完整程度和标准化程度，如各类构件是否严格按照图层进行区分的，各类尺寸或配筋信息是否按照图层进行区分的，标准方式是否按照制图标准进行的；另一方面取决于对广联达计量软件的熟练程度。

2.4.2　BIM 软件 CAD 识别的构件范围和识别流程

2.4.2.1　CAD 识别分类

CAD 识别主要包括两大类：
① 表格类：楼层表、柱表、门窗表、装修表、独基表。
② 构件类：轴网，柱、柱大样，梁，墙、门窗、墙洞，板钢筋（受力筋、负筋），独立基础，承台，柱，基础梁。

2.4.2.2　CAD 识别主要步骤

CAD 识别的主要流程有：新建工程、图纸管理、符号转换、识别构件。
（1）构件校对方式
将 CAD 图纸中的线条及文字转化为广联达 BIM 土建计量平台中的基本构件图元（如轴网、梁、柱等），不用人工绘图，快速完成建模操作，提高效率。
（2）CAD 识别的方法
① 首先新建工程，导入图纸，识别楼层表，并进行相应的设置。

② 与手动绘制相同，需要先识别轴网，再识别其他构件。

③ 识别构件按照绘图类似的顺序，先识别竖向构件，再识别水平构件。

(3) 软件识别流程

首先添加图纸，导入后再分割图纸，之后再提取构件，完成上述步骤后识别构件。其中构件识别顺序为：楼层、轴网、柱、墙、梁、板钢筋、基础。

构件的识别过程与绘制过程类似，先首层再其他层，识别完一层的构件后，通过同样的方式识别其他楼层的构件，或者复制到其他楼层，最后汇总计算。

通过上述流程，即可完成 BIM 软件识别 CAD 图纸。

2.4.3 CAD 识别实际案例图纸和楼层表

① 建立工程后，在"视图"下单击"图纸管理"，在弹出的"添加图纸"对话框中选择有楼层信息的图纸，如图 2-17 所示。

② 当导入的 CAD 图纸文件中有多个图纸时，要通过"分割"功能将所需

识别楼层

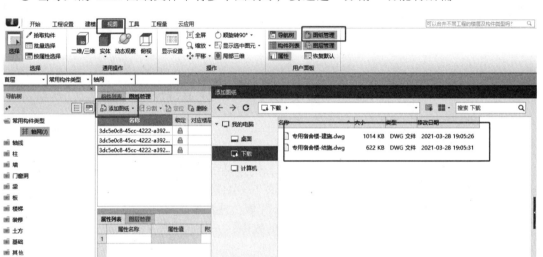

图 2-17　添加图纸

要的图纸分割出来，例如现在将"一层二层的梁配筋图"分割出来。

单击"图纸管理"面板下的"分割"并选择"手动分割"，用鼠标左键来框选需要分割的"一二层的梁配筋图"，单击右键确定完成分割后，图纸管理面板下则会出现相应图纸的名称，图纸名称一般是根据 CAD 图纸命名来定义的，也可进行手动输入。如图 2-18 所示。

③ 单击"建模"下的"识别楼层表"用鼠标框选图纸中的楼层表，单击鼠标右键确定，确定楼层信息无误后单击"确定"按钮，即弹出"楼层表识别完成"对话框。

如果识别楼层信息有误，可以在"识别楼层表"对话框中进行修改，可以删除及插入行和列，也可以修改抬头属性。如图 2-19 所示。

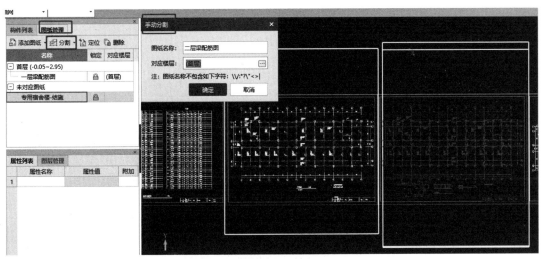

图 2-18 分割图纸

图 2-19 完成楼层表的识别

2.4.4 识别轴网

识别轴网

在完成图纸分割后，双击进入"一层平面图"进行 CAD 轴线识别，将目标构件定位到"轴网"，单击选项卡"建模"下的"识别轴网"，弹出对话框选择"提取轴线"，在提取轴线时可以按照"单图元选择""按图层选择"及"按颜色选择"的功能来框选所需要提取的轴线 CAD 图元。

本工程通过"单图层选择"选择所有轴线，被选中时轴线全部变成深蓝色。单击鼠标右键确认，则选择的 CAD 图元自动消失，并存放在"已提取的 CAD 图层"，可以单击"CAD 原始图层"和"已提取的 CAD 图层"进行隐藏和显示来查看构件提取情况，如图 2-20 所示。提取标注方法与提取轴网相同。

在"视图"选项卡下的"图层管理"中可以单击进行图层控制的相关操作。

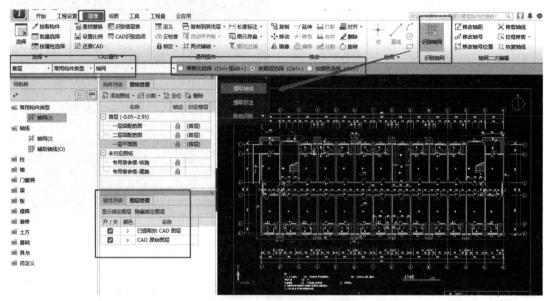

图 2-20　完成轴网的提取

完成轴线和标注的提取，要进行识别轴网，单击"自动识别"的下拉框，有 3 种识别轴网的方法。

① 自动识别轴网：用于自动识别 CAD 图中的轴线。

② 选择识别轴网：通过手动选择来识别 CAD 图中的轴线。

③ 识别辅助轴线：用于手动识别 CAD 图中的辅助轴线。

本工程采用"自动识别轴网"，快速识别出 CAD 图中的轴网。

2.4.5　识别柱

识别柱

通过"CAD 识别柱"完成柱的属性定义的方法有两种：识别柱表生成柱构件和识别柱大样生成柱构件。通过"建模"选项卡中"识别柱"功能："提取边线"→"提取标注"→"识别"，完成柱的绘制。

(1) 识别柱表

生成柱构件。选择导航栏构件，将目标构件定位到"柱"，如图 2-21 所示。

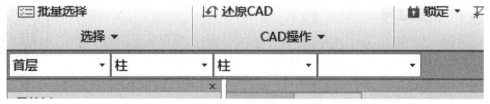

图 2-21　定位目标构件到"柱"

单击"建模"选项卡中"识别图表"，软件可以识别普通柱和广东柱，遇到有广东柱表的工程，即可采用"识别广东柱"。本工程为普通柱表，则选择"识别柱表"功能，框选中柱表中的数据，按鼠标右键确认选择。弹出"识别柱表"对话框，在对话框上方可使用"查找替换""删除行"等功能对柱表信息进行修改和调整。如表格中存在不符合的数据，单元格会以红色来显示，便于查找和修改。调整后，如图 2-22 所示。

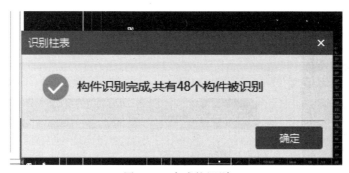

图 2-22　识别柱表

在确认信息无误之后，单击"识别"即可，软件会根据对话框的柱表信息生成柱构件，如图 2-23 所示。

图 2-23　完成柱识别

通过识别柱表定义柱属性以后，可以通过柱的绘制功能，参照 CAD 图将柱绘制到图上，也可以使用"CAD 识别"提供的快速"识别柱"的功能。

单击"建模"选项卡下的"识别柱"，如图 2-24 所示。

图 2-24　识别柱

　　在弹出的对话框中单击"提取边线"通过"按图层选择"选择所有框架边线，被选中的边线变成深蓝色，单击鼠标右键确定，则选择的 CAD 图元消失，并存于"已提取的 CAD 图层中"完成柱边线的识别，"提取标注"方法与"提取边线"方法相同，如图 2-25 所示。

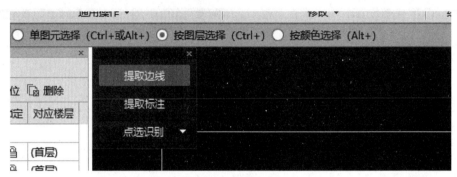

图 2-25　提取边线

　　在完成边线和标注的提取之后，要进行柱构件的识别，识别方法有 4 种，如图 2-26 所示。

　　① 自动识别。软件将根据所识别的柱表、提取的边线和标注来自动识别整层柱。本工程采用自动识别，如图 2-27 所示。

　　② 框选识别。当需要识别某一区域的柱时，可使用此功能，根据鼠标框选的范围，软件会自动识别框选范围内的柱。

　　③ 点选识别。即通过鼠标点选的方式逐一识别柱构件，单击需要识别的柱标识 CAD 图元，则在"识别柱"对话框会自动识别柱标注的信息。

　　④ 按名称识别。如图纸中有多个 KZ5，通常只会对一个柱进行详细标注（截面尺寸、钢筋信息等），而其他柱标注名称，这时可以使用"按名称识别柱"进行柱识别操作。

图 2-26　识别方法界面

图 2-27　完成柱的识别

（2）识别柱大样

　　生成构件信息，如果图纸中柱或者暗柱采用柱大样的形式来标记，则可采用"识别柱大样"的方式。单击"建模"任务栏下的"识别柱大样"，记住要将导航栏中的目标构件定位成"柱"，具体操作如图 2-28 所示。

图 2-28　识别柱大样

① 提取柱大样边线及标注，分别单击"提取边线"和"提取标注"完成柱大样边线和标注的提取，操作流程与"识别柱"的方法相同。如图 2-29 所示。

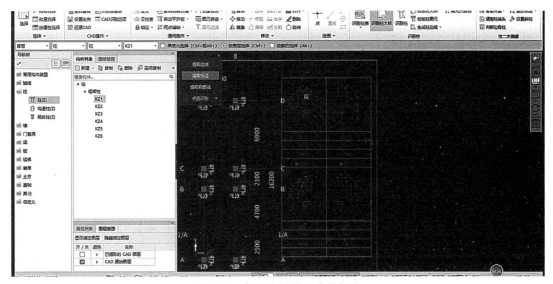

图 2-29　提取柱大样边线及标注

② 提取钢筋线。单击"提取钢筋线"提取所有大样的钢筋线，单击右键确定。
③ 识别柱大样。提取完成后，单击"点选识别"，有 3 种方法，如图 2-30 所示。

图 2-30　识别方法界面

a. 点选识别：通过鼠标选择来识别柱大样。

b. 自动识别：即软件自动识别柱大样。

c. 框选识别：通过框选需要识别的柱大样识别。

④ 识别柱。在识别柱大样完成之后，软件定义了柱属性，通过"提取边线""提取标注"和"自动识别"的功能来生成柱构件。

2.4.6 识别梁

本节要用 CAD 识别的方式完成梁的属性定义和绘制，本节需要用到"一、三层顶梁配筋图"。

识别梁

（1）首先要将导航栏的目标构件定位到"梁"，然后单击"建模"选项卡中的"识别梁"，操作过程如图 2-31 所示。

图 2-31　识别梁

（2）单击"识别梁"弹出对话框，进行"提取边线"，其操作方法与上一节"识别柱"一样，如图 2-32 所示。

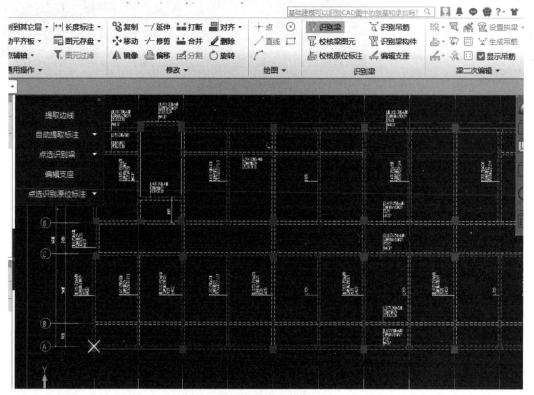

图 2-32　提取边线

（3）单击"自动提取标注"，有 3 种提取方式，如图 2-33 所示。

如果"集中标注"和"原位标注"分为两个不同的图层，则"提取集中标注"和"提取原位标注"要分开进行。

如果选用"自动提取标注"则可一次性提取 CAD 图中的全部梁标注，软件会自动区别梁的原位标注与集中标注，一般集中标注和原位标注在同一图层时可以使用。单击"自动提取标注"选中图中所有同图层的梁标注，单击鼠标右键完成。

注：GTJ2018 在最新版做了优化以后，软件会自动区分集中标注和原位标注。完成提取后，集中标注以黄色显示，原位标注以粉色显示。

（4）完成梁标注的提取后，要进行梁构件的识别。识别梁有自动识别、框选识别、点选识别三种方式。

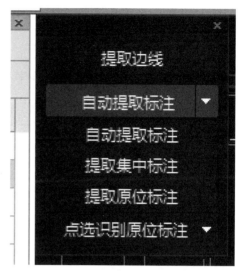

图 2-33　自动提取梁标注

① 单击"点选识别梁"下拉框中的"自动识别梁"。软件会自动根据提取的梁边线和集中标注对图中所有的梁一次性全部标识，如图 2-34 所示。

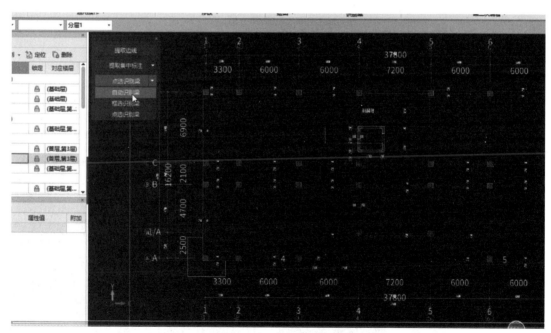

图 2-34　自动识别梁

在"识别梁选项"的对话框中，对其中的信息及图纸中的信息一一进行对比和修改，以提高梁识别的准确性，识别结果如图 2-35 所示。

检查无误后单击继续，则按照提取的梁边线和梁集中标注信息自动生成梁图元，如弹出如图 2-36 所示对话框，则表示所识别的梁跨与标注的梁跨数量不符合，梁也会被标为红色，软件会自动启用"校核梁图元"功能，双击梁构件名称会直接定位到图纸中相对应的图元，然后

	名称	截面(b*h)	上通长筋	下通长筋	侧面钢筋	箍筋	肢数
1	KL1(1)	250*500	2C25		N2C16	C10@100/200(2)	2
2	KL2(2)	300*500	2C25		G2C12	C10@100/200(2)	2
3	KL3(3)	250*500	2C22		G2C12	C10@100/200(2)	2
4	KL4(1)	300*600	2C22		G2C12	C10@100/200(2)	2
5	KL5(3)	300*500	2C25		G2C12	C10@100/200(2)	2
6	KL6(7)	300*500	2C25		G2C12	C10@100/200(2)	2
7	KL7(3)	300*500	2C25		G2C12	C10@100/200(2)	2
8	KL8(1)	300*600	2C25		G2C12	C10@100/200(2)	2
9	KL9(3)	300*600	2C25		G2C12	C10@100/200(2)	2
10	KL10(3)	300*600	2C25		G2C12	C10@100/200(2)	2
11	KL10a(3)	300*600	2C25		G2C12	C10@100/200(2)	2

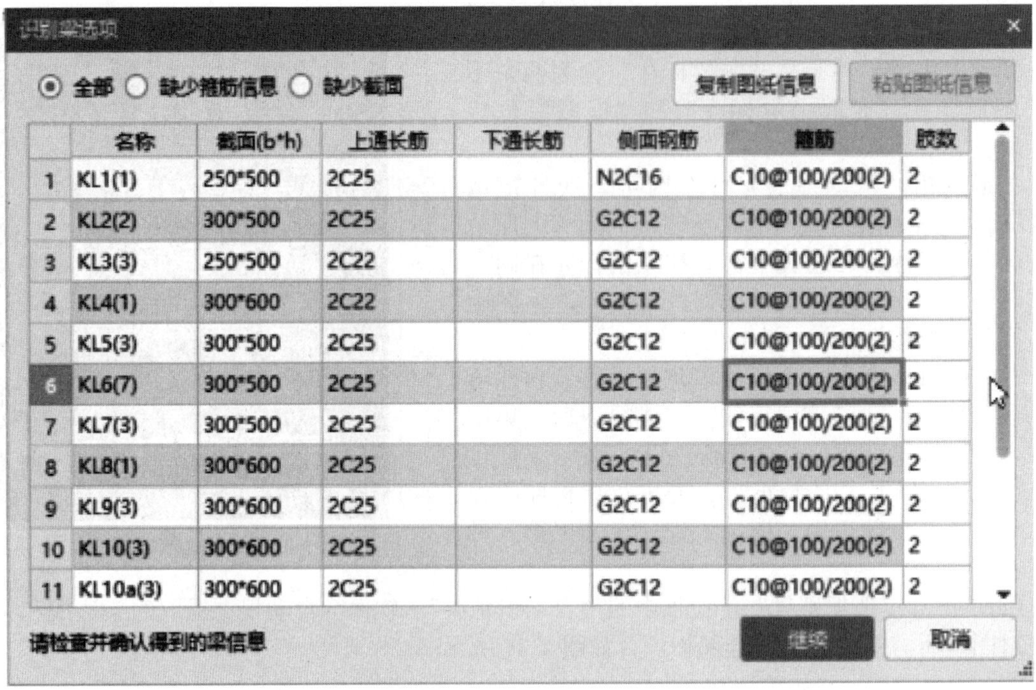

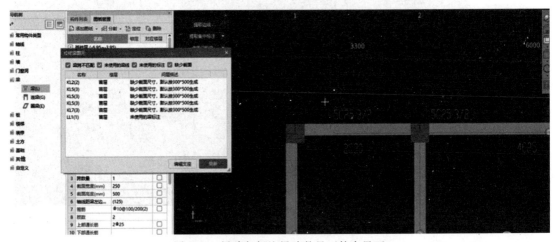

图 2-35 识别梁结果

对图元进行相应的修改。

当“校核梁图元”完成后，如果存在梁跨数与集中标注不符的情况，可以使用“编辑支座”功能进行支座的增加、删除以调整梁跨，如图 2-37 所示。删除支座，直接点取图中支座点的标志即可；增加支座，则点取作为支座的图元，单击鼠标右键确认即可。

图 2-36 梁跨与标注梁跨数量不符合界面

② 点选识别梁。单击需要识别的梁集中标注，则“点选识别梁”对话框自动识别梁集中标注信息。

③ 框选识别梁。它可以满足分区域识别的需求，对于一张图纸中存在多个楼层平面的情

况，可以选中当前层识别，可以框选一道梁的部分梁线完成整道梁的识别。

（5）在识别完梁构件以后，应识别原位标注。识别原位标注有自动识别原位标注、框选识别原位标注、点选识别原位标注和单构件识别原位标注，如图 2-38 所示。

（6）在识别完原位标注之后，如果图纸中绘制了吊筋和次梁加筋，则可以使用"识别吊筋"功能，对 CAD 图中的吊筋、次梁加筋进行识别。首先提取钢筋和标注，选中吊筋和次梁加筋的钢筋线及标注，单击鼠标右键确定即可；然后识别吊筋，使用自动识别、框选识别和点选识别来完成吊筋的识别，如图 2-39 所示。

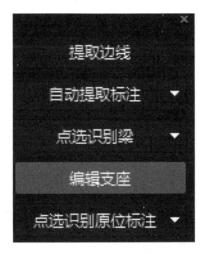

图 2-37　编辑支座

图 2-38　原位标注识别

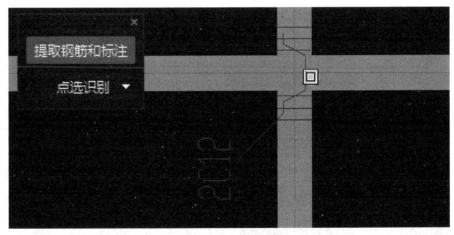

图 2-39　识别吊筋

2.4.7　识别板和板钢筋

2.4.7.1　识别板

（1）在识别梁完成以后，接着识别板，完成图纸的添加和分割之后，使用"一三层配筋图"图纸完成识别。在导航栏构件中，将目标构件定位至

识别板和
板钢筋

"现浇板"，单击"建模"选项卡下的"识别板"，如图 2-40 所示。

图 2-40　识别板

（2）单击"识别板"弹出对话框如图 2-41 所示，依次进行"提取板标识""提取板洞线"和"自动识别板"。

① 单击"提取板标识"，可以根据图纸特性选择"单图元选择""按图层选择"或"按颜色选择"，也可根据括号中的快捷键来选择合适的功能。在图中选择需要提取的标识，选中后标识变为蓝色，单击右键确定，则所选标识消失，并存放在"已提取 CAD 图层"中，如图 2-42 所示。

② 单击"提取板洞线"，与"提取板标识"方法相同，选中所需要的 CAD 板洞线，单击右键完成提取，同样提取的板洞线也保存在"已提取 CAD 图层"中，操作如图 2-43 所示。

③ 单击识别面板上的"自动识别板"弹出"识别板选项"对话框，选择板支座的图元范围，单击"确定"进行识别，如图 2-44 所示。

图 2-41　识别界面

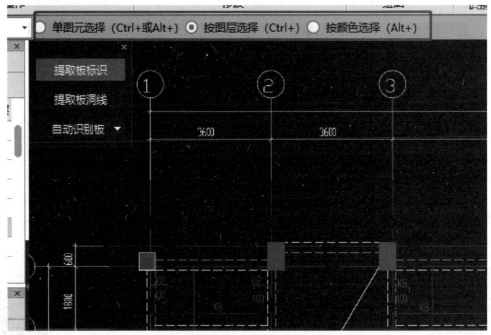

图 2-42　提取板标识

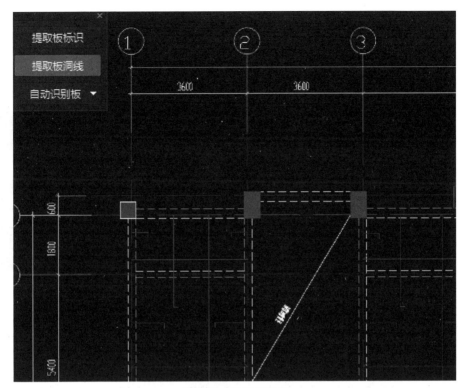

图 2-43　提取板洞线

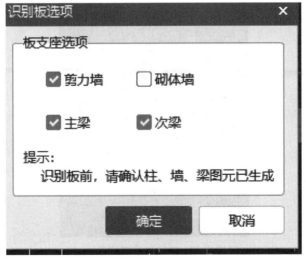

图 2-44　自动识别板选项

2.4.7.2　识别板受力筋

　　首先在导航栏构件中，将目标构件定位至"板受力筋"，单击"建模"选项卡下的"识别受力筋"，如图 2-45 所示。

　　弹出对话框如图 2-46 所示，依次完成"提取板筋线""提取板筋标注"和"识别受力筋"。

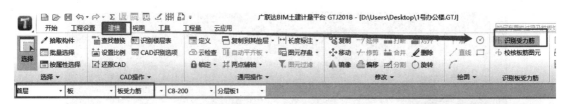

图 2-45 识别受力筋

识别受力筋有两种方式：点选识别受力筋和自动识别受力筋。

2.4.7.3 识别板负筋

与识别板受力筋步骤一样，将目标构件定位至"板负筋"，单击"建模"选项卡下的"识别负筋"，如图 2-47 所示。

单击"识别负筋"，弹出对话框如图 2-48 所示，依次完成"提取板筋线""提取板筋标注"和"识别负筋"。识别负筋有两种方式：点选识别负筋和自动识别负筋。

图 2-46 识别受力筋方法界面

图 2-47 识别负筋

图 2-48 识别负筋方法界面

2.4.8 识别墙

识别墙

首先要将"1 号办公楼建筑图纸"添加进去，使用"自动分割"完成图纸的分割，分割好以后双击"一层平面图"，如图 2-49 所示。

要将图纸进行定位，将图纸定位到①轴和 A 轴的交点。定位完成以后，要进行砌体墙的

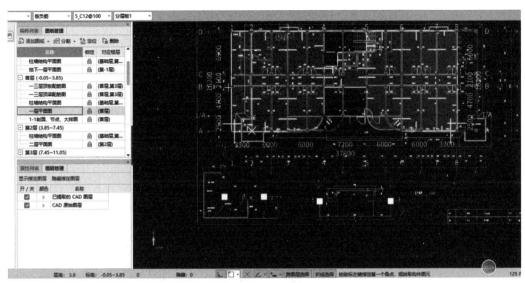

图 2-49 完成图纸分割

识别，首先将目标构件定位至"砌体墙"，再单击"建模"选项卡下的"识别砌体墙"，操作如图 2-50 所示。

图 2-50 识别砌体墙

在单击"识别砌体墙"之后会弹出对话框，如图 2-51 所示，要以此进行砌体墙边线、墙标识和门窗线的识别，单击右键完成识别。

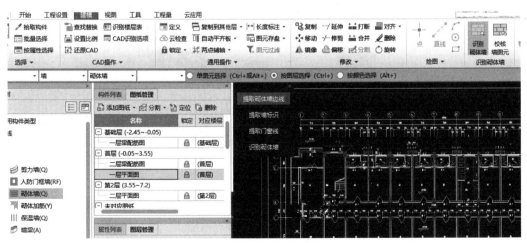

图 2-51 识别砌体墙界面

完成边线和标识的提取，单击"识别砌体墙"可以在对话框中对砌体墙进行材质和钢筋布置的修改，在对话框中选中的砌体墙，会在图纸对应位置以红色显示，将不需要识别的墙取消勾选即可，如图 2-52 所示。

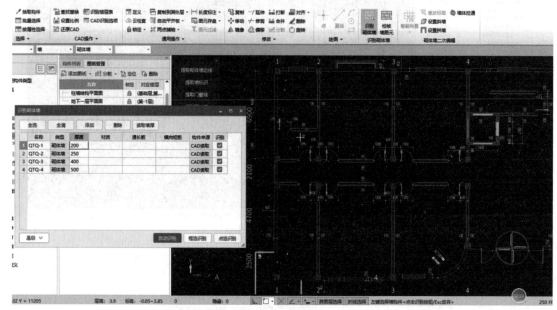

图 2-52　完成材质和钢筋布置的修改

在识别之前会弹出对话框如图 2-53 所示，单击"是"即可开始识别。

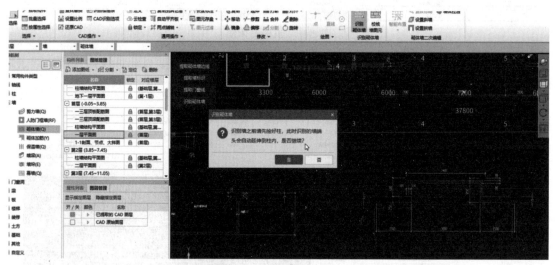

图 2-53　单击开始识别墙

识别完成后，可能会弹出校核墙图元对话框，如图 2-54 所示，双击问题描述即可定位到图纸的对应位置进行检查，检查无误后，砌体墙就完成识别。

以上是砌体墙的识别方法，剪力墙的识别方法与之相同。

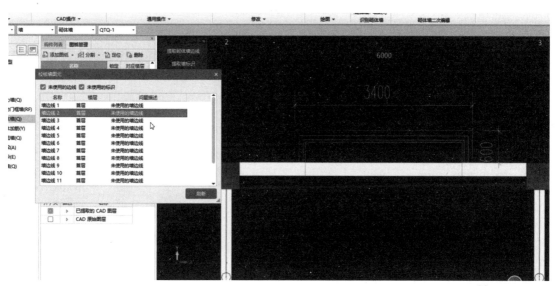

图 2-54　校核墙图元对话框

2.4.9　识别门窗

(1) 识别门窗表

在完成墙、柱和板的识别以后，进行门窗的识别。通过"添加图纸"
和"分割图纸"功能完成图纸的添加和分割。双击"建筑设计总说明"，
将目标构件定位到"门"或者"窗"，单击"建模"选项卡下的"识别门窗表"对门窗表
进行框选识别，单击右键确定，如图 2-55 所示。

识别门窗

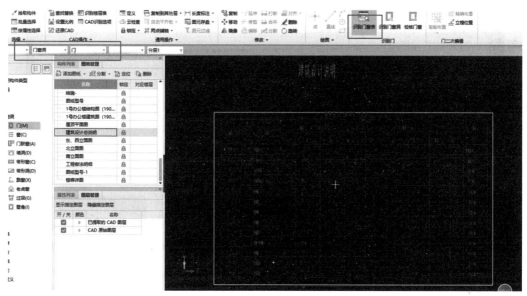

图 2-55　识别门窗表

在"识别门窗表"对话框中，可以对其中的门窗信息和 CAD 图纸中的信息进行对照修

改，对于不需要的行列可以使用"删除行"或者"删除列"进行删除，单击"识别"按钮，即可开始识别，如图 2-56 所示。

名称	下拉选择	宽度	高度	下拉选择	下拉选择	下拉选择	下拉选择	下拉选择	下拉选择	备注	类型
FM甲1021	甲级防火门	1000	2100	2					2	甲级防火门	门
FMZ1121	乙级防火门	1100	2100	1	1				2	乙级防火门	门
M5021	旋转玻璃门	5000	2100		1				1	甲方确定	门
M1021	木质夹板门	1000	2100	18	20	20	20	20	98	甲方确定	门
C0924	塑钢窗	900	2400		4	4	4	4	16	详见立面	窗
C1524	塑钢窗	1500	2400		2	2	2	2	8	详见立面	窗
C1624	塑钢窗	1600	2400		2	2	2	2	10	详见立面	窗
C1824	塑钢窗	1800	2400		2	2	2	2	8	详见立面	窗
C2424	塑钢窗	2400	2400		2	2	2	2	8	详见立面	窗
PC1	飘窗(塑钢...	见平面	2400		2	2	2	2	8	详见立面	窗
C5027	塑钢窗	5000	2700		1	1	1		3	详见立面	窗
MQ1	装饰幕墙	6927	14400							详见立面	门
MQ2	装饰幕墙	7200	14400							详见立面	门

提示:请在第一行的空白行中单击鼠标从下拉框中选择对应列关系

识别　取消

图 2-56　修改门窗信息

完成识别后会弹出对话框，如图 2-57 所示，单击"确定"即完成门窗构件的识别。

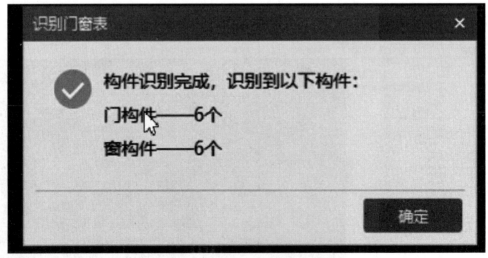

图 2-57　完成门窗构件的识别

（2）识别门窗洞

完成门窗表的识别后，回到"首层平面图"单击"建模"选项卡中的"识别门窗洞"，如图 2-58 所示。

图 2-58　识别门窗洞

依次完成"提取门窗线""提取门窗洞标识"和"点选识别"，点选识别主要有三种方式：自动识别、框选识别和点选识别，识别结果如图 2-59 所示。

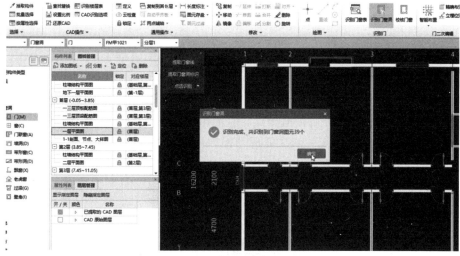

图 2-59　完成门窗的识别

单击"识别"以后会弹出"校核门窗"对话框，如图 2-60 所示，双击有问题的构件名称，会在 CAD 图纸上进行定位，可以依次对有问题的构件进行修改，进而完成门窗洞的识别。

图 2-60　校核门窗对话框

2.4.10 识别基础

(1) 识别独基表生成独立基础构件

软件提供识别独立基础，识别桩承台和识别桩的功能，本工程采用的是独立基础，所以主要讲解独立基础的识别。

首先将目标构件定位至"独立基础"，单击"建模"选项卡中的"识别独基表"如图 2-61 所示。

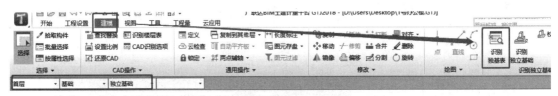

图 2-61 识别独基表

(2) 识别独立基础

本工程没有"独基表"所以可以事先建立好构件，或者直接采用"识别独立基础"的方法进行识别。单击"识别独立基础"依次完成"提取独基边线""提取独基标识"和"点选识别"，如图 2-62 所示。

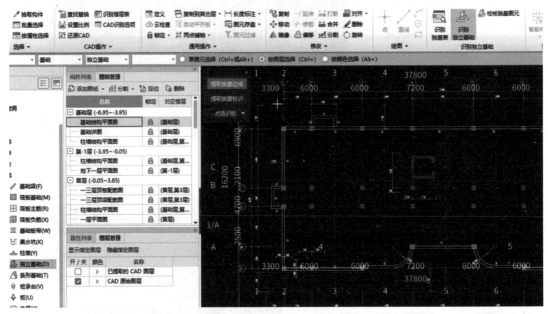

图 2-62 识别独立基础

2.5 识别装修

在实际做工程时，通常会在 CAD 图纸上的房间做法明细表中注明房间的名称、位置，以及房间内的地面、墙面、踢脚、吊顶和天棚等一系列的做法名称。在本工程"建筑设计总说明"中就有"室内装修做法表"，如图 2-63 所示。

识别装修

图 2-63　室内装修做法表

首先在导航栏中将目标构件定位到装修中的房间上，如图 2-64 所示。

图 2-64　定位目标构件到房间

本工程的装修做法表是按房间来命名的，所以在"建模"选项卡中的"识别房间"应该选择"按房间识别装修表"，如图 2-65 所示。

图 2-65　按房间识别装修表

单击"按房间识别装修表"，拉框选择整个装修表，然后单击鼠标右键完成，将"按房间识别装修表"中的内容与 CAD 图纸信息做对比，可以对表中的信息进行修改和删除等操作，对比没有问题之后单击"识别"，如图 2-66 所示。

识别成功以后，软件会弹出识别构件的数量，如图 2-67 所示。房间装修表识别成功以后，软件会按照图纸上的房间与各装修构件的关系，自动建立房间并自动依附装修构件。

图 2-66　进行信息比对

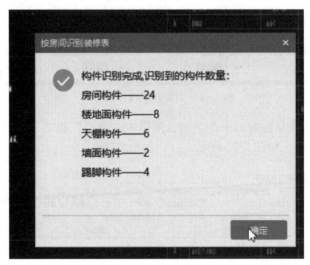

图 2-67　完成房间构件的识别

第3章

基础层工程量计算

本章学习要求：

1. 了解基础层的组成与分类；
2. 熟悉并掌握基础层造价的组成内容；
3. 通过案例实操掌握基础层造价的制订过程。

3.1　筏板、垫层与集水坑工程量计算

3.1.1　分析图纸

（1）从"广联达大厦"图纸结施-03 中可以看出，本工程为筏板基础，基础底板厚度 500mm，混凝土强度等级为 C30；由建施-0 中第 4 条防水设计可知，地下防水为防水卷材和钢筋混凝土自防水两道设防；由结施-01 第 8 条第 2 款可知，筏板的混凝土抗渗等级为 P6；由结施-03 可知，筏板底标高为基础层底标高（−4.9m）。

（2）基础垫层厚度为 100mm，混凝土强度等级为 C15，顶标高为基础底标高，出边距离为 100mm。

（3）本层有集水坑 JSK1 两个、JSK2 一个。

① JSK1 截面为 2225mm×2250mm，坑板顶标高为 −5.5m，底板厚度为 800mm，底板出边宽度 600mm，混凝土强度等级为 C30，放坡角度 45°。

② JSK2 截面为 1000mm×1000mm，坑板顶标高为 −5.4m，底板厚度为 500mm，底板出边宽度 600mm，混凝土强度等级为 C30，放坡角度 45°。

（4）集水坑垫层厚度为 100mm。

3.1.2　筏板、垫层清单、定额计算规则

（1）筏板、垫层清单计算规则

筏板、垫层的清单计算规则见表 3-1。

表 3-1   筏板、垫层清单计算规则

编码	项目名称	单位	计算规则
010501004	满堂基础混凝土有梁式	$10m^3$	按设计图示尺寸以体积计算,不扣除伸入承台基础的桩头所占体积
010501001	垫层混凝土	$10m^3$	按设计图示尺寸以体积计算
011702001	满堂基础模板	$100m^2$	按模板与现浇混凝土构件的接触面积以 m^2 计算
011702001	垫层模板	$100m^2$	按模板与现浇混凝土构件的接触面积以 m^2 计算

(2) 筏板、垫层定额计算规则

筏板、垫层的定额计算规则见表 3-2。

表 3-2   筏板、垫层定额计算规则

编码	项目名称	单位	计算规则
5-6	满堂基础混凝土有梁式	$10m^3$	按设计图示尺寸以体积计算,不扣除伸入承台基础的桩头所占体积
5-1	垫层混凝土	$10m^3$	按设计图示尺寸以体积计算
17-151	满堂基础模板	$100m^2$	按模板与现浇混凝土构件的接触面积以 m^2 计算
17-123	垫层模板	$100m^2$	按模板与现浇混凝土构件的接触面积以 m^2 计算

3.1.3   筏板、垫层属性定义

(1) 筏板属性定义

在软件左侧界面导航树中打开"基础"文件夹,选择"筏板基础"构件,并将右侧页签切换至"构件列表"和"属性列表",如图 3-1 所示。选择"新建筏板基础",并在下方属性列表中根据图纸信息,将筏板基础的厚度、材质、混凝土强度等级、标高等信息录入软件,如图 3-2 所示。

图 3-1   筏板基础属性定义界面

属性列表

	属性名称	属性值	附加
1	名称	FB-1	
2	厚度(mm)	(500)	☐
3	材质	现浇混凝土	☐
4	混凝土类型	(半干硬性砼砾石...	☐
5	混凝土强度等级	(C30)	☐
6	混凝土外加剂	(无)	
7	泵送类型	(混凝土泵)	
8	顶标高(m)	层底标高+0.5	☐
9	底标高(m)	层底标高	☐
10	备注		☐
11	⊞ 钢筋业务属性		
25	⊞ 土建业务属性		
28	⊞ 显示样式		

图 3-2 筏板属性

(2) 垫层属性定义

选择“新建垫层”，输入垫层名称（DC-1），方法同筏板基础，垫层的属性定义如图 3-3 所示。

(3) 集水坑属性定义

选择“新建集水坑”，其属性定义如图 3-4 所示。

属性列表

	属性名称	属性值	附加
1	名称	DC-1	
2	形状	面型	☐
3	厚度(mm)	100	☐
4	材质	商品混凝土	☐
5	混凝土类型	(半干硬性砼砾石...	☐
6	混凝土强度等级	(C15)	☐
7	混凝土外加剂	(无)	
8	泵送类型	(混凝土泵)	
9	顶标高(m)	基础底标高	☐
10	备注		☐
11	⊞ 钢筋业务属性		
14	⊞ 土建业务属性		
17	⊞ 显示样式		

图 3-3 垫层属性

属性列表

	属性名称	属性值	附加
1	名称	JSK-1	
2	截面长度(mm)	2250	☐
3	截面宽度(mm)	2250	☐
4	坑底出边距离(...	600	☐
5	坑底板厚度(mm)	800	☐
6	坑板顶标高(m)	-5.5	☐
7	放坡输入方式	放坡角度	☐
8	放坡角度	45	☐
9	X向底筋	Φ25@200	☐
10	X向面筋	(Φ25@200)	☐
11	Y向底筋	Φ25@200	☐
12	Y向面筋	(Φ25@200)	☐
13	坑壁水平筋		☐
14	X向斜面钢筋		☐
15	Y向斜面钢筋		☐
16	材质	现浇混凝土	☐
17	混凝土类型	(半干硬性砼...	☐
18	混凝土强度等级	(C30)	☐
19	混凝土外加剂	(无)	
20	泵送类型	(混凝土泵)	
21	备注		☐
22	⊞ 钢筋业务属性		

图 3-4 集水坑属性

3.1.4　做法套用

(1) 筏板基础

套用做法是指构件按照计算规则计算、汇总出做法工作量，方便进行同类项汇总，同时与计价软件的数据对接。构件的套用做法，可通过单击"定义"，在弹出的"定义"界面中，单击"构件做法"，通过手动添加清单定额、查询清单定额库添加或查询匹配清单定额方式添加实现。

例如，有梁式筏板基础的混凝土清单项目编码完善后为 010501004001；有梁式筏板基础的模板清单项目编码完善后为 011702001029，通过查询定额库添加定额，筏板基础做法套用如图 3-5 所示。

	编号	类别	名称	项目特征	单位	工程量表达式	表达式说明	单价	综合单价
1	⊟ 010501004001	项	现浇混凝土基础 满堂基础 有梁式		m3	TJ	TJ〈体积〉		
2	5-6	定	现浇混凝土基础 满堂基础 有梁式		m3	TJ	TJ〈体积〉	3846.57	
3	⊟ 011702001029	项	现浇混凝土模板 满堂基础 有梁式 复合模板 木支撑		m2	MBMJ	MBMJ〈模板面积〉		
4	17-151	定	现浇混凝土模板 满堂基础 有梁式 复合模板 木支撑		m2	MBMJ	MBMJ〈模板面积〉	4660.74	

图 3-5　筏板基础做法套用

(2) 垫层

同理，垫层做法套用如图 3-6 所示。

	编号	类别	名称	项目特征	单位	工程量表达式	表达式说明	单价	综合单价
1	⊟ 010501001001	项	现浇混凝土基础 基础垫层		m3	TJ	TJ〈体积〉		
2	5-1	定	现浇混凝土基础 基础垫层		m3	TJ	TJ〈体积〉	3305.76	
3	⊟ 011702001001	项	现浇混凝土模板 基础垫层 复合模板		m2	MBMJ	MBMJ〈模板面积〉		
4	17-123	定	现浇混凝土模板 基础垫层 复合模板		m2	MBMJ	MBMJ〈模板面积〉	4263.65	

图 3-6　垫层做法套用

3.1.5　筏板、垫层和集水坑绘制

3.1.5.1　筏板基础

(1) 筏板基础属于面式构件，可用"直线"或"矩形"命令绘制，这里用"直线"命令绘制，定义好该筏板属性后，单击"绘图"→"直线"命令，鼠标左键单击筏板边界区域的交点，围成一个封闭区域，布置好筏板，如图 3-7 所示。

（独立基础、垫层止水板的定义与绘制）

(2) 由结施-03 可知，筏板基础左右外边线距轴线距离 1200mm，上下外边线距轴线距离分别为 500mm、600mm 和 700mm。可以利用夹点选择的方式对筏板的每个边偏移，首先选中筏板，鼠标移到要偏移边的中间夹点位置处，使该夹点（如图 3-8 所示加框处）从绿色状态变为红色状态，单击该夹点，然后移动鼠标至筏板外侧输入相应的尺寸，按回车键确定，即完成筏板绘制，如图 3-9 所示。

(3) 筏板内钢筋的操作方法。

① 筏板钢筋属性定义。在导航树中单击"基础"→"筏板主筋"，在"构件列表"中单击"新建"→"新建筏板主筋"。新建出筏板主筋 C25-200，根据 C25-200 在图纸中的布置信息，在属性编辑框中输入相应的属性值，修改钢筋信息如图 3-10 所示。

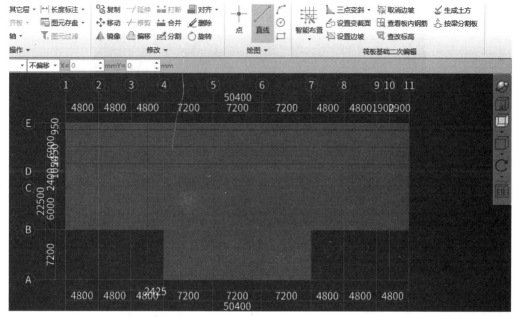

图 3-7　筏板基础绘制

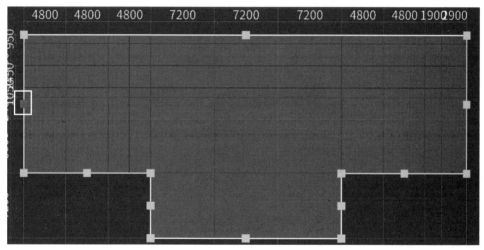

图 3-8　夹点选择

② 筏板主钢筋绘制。在导航树中单击"板受力筋"，单击"建模"，在"板受力筋二次编辑"中单击"布置受力筋"，下方出现绘制受力筋时的辅助命令，左侧命令为布置的范围，中间命令为布置的方向，右侧命令为放射筋的布置，如图 3-11 所示。选择布置范围为"单板"，布置方向为"XY 方向"，选择筏板，弹出"智能布置"对话框，如图 3-12 所示。

对话框中各选项的含义如下：

a. 双向布置：当板在 X、Y 两个方向上布置的钢筋信息相同时；

b. 双网双向布置：当板的底部钢筋和顶层钢筋在 X、Y 两个方向上布置的钢筋信息相同时；

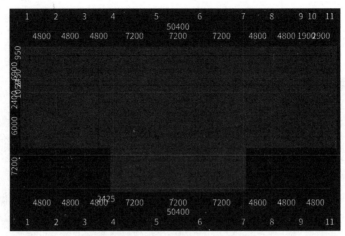

图 3-9 筏板各边的外偏结果

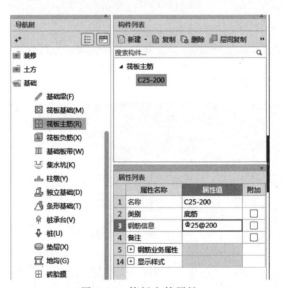

图 3-10 筏板主筋属性

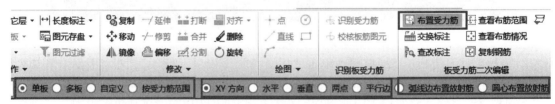

图 3-11 布置板受力筋对话框

c. *XY* 向布置：当板的底部钢筋和顶层钢筋在 *X*、*Y* 两个方向上布置的钢筋信息不相同时。

从结施-03 图中的说明 1 可知，筏板内上部和底部均有钢筋，并且在两个方向上布置的信息是相同的，因此选择"双网双向布置"，在"钢筋信息"部分中输入信息"C25@200"。鼠

图 3-12　筏板智能布置受力筋对话框

标左键单击筏板即可完成钢筋布置。

3.1.5.2　垫层

垫层属于面式构件，可用"直线"或"矩形"命令绘制，这里用智能布置。单击"智能布置"→"筏板"，在弹出的对话框中输入出边距离"100"，单击"确定"，垫层布置完毕。然后用此方法选择"集水坑"布置集水坑的垫层。

3.1.5.3　集水坑

该工程的集水坑采用点画法绘制，具体绘制方法可参见第 4 章柱绘制。

(1) 建模定义集水坑

① 软件提供了直接在绘图区绘制不规则形状的集水坑的操作模式，如图 3-13 所示，选择"新建自定义集水坑"，用直线画法在绘图区绘制 T 形图元。

② 绘制成封闭图形后、软件就会自动生成一个自定义的集水坑，如图 3-14 所示。

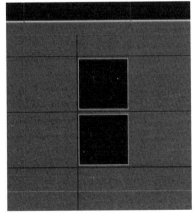

图 3-13　不规则集水坑绘制

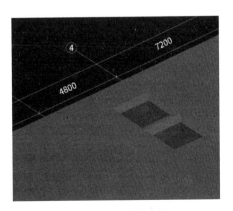

图 3-14　生成集水坑

（2）多集水坑自动扣减

多个集水坑如果发生相交，特别是有边坡的，软件是完全可以精确计算的。如图 3-14 所示的两个相交的集水坑，其空间形状是非常复杂的。集水坑的扣减可通过查看三维图形查看，如图 3-15 所示。

（3）设置集水坑放坡

实际工程中集水坑各边边坡可能不一致，可以通过设置集水坑边坡来进行调整。单击"集水坑二次编辑"中的"调整边坡"，点选集水坑构件和要修改边坡的坑边，单击鼠标右键出现"设置集水坑放坡"的对话框。其中的绿色字体（如图 3-16 所示加框处）是可以修改的，修改后单击"确定"就可以看到修改后的边坡形状了。

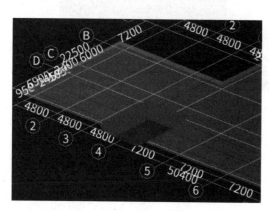

图 3-15　三维查看图形

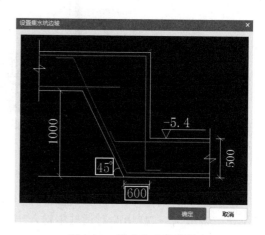

图 3-16　修改集水坑数值

3.1.6　任务结果

汇总计算，统计筏板和垫层清单、定额工程量，见表 3-3。

表 3-3　筏板、垫层清单、定额工程量

编码	项目名称	单位	工程量明细	
			绘图输入	表格输入
010501001001	现浇混凝土基础 基础垫层	10m³	10.64572	
5-1	现浇混凝土基础 基础垫层	10m³	10.64572	
010501004001	现浇混凝土基础 满堂基础 有梁式	10m³	51.02675	
5-6	现浇混凝土基础 满堂基础 有梁式	10m³	51.02675	
011702001001	现浇混凝土模板 基础垫层 复合模板	100m²	0.875783	
17-123	现浇混凝土模板 基础垫层 复合模板	100m²	0.875783	
011702001025	现浇混凝土模板 满堂基础 无梁式 复合模板 木支撑	100m²	0.764	
17-151	现浇混凝土模板 满堂基础 有梁式 复合模板 木支撑	100m²	0.764	

3.1.7 拓展

建筑物常用的基础形式除了筏板基础外，还有柱下独立基础。软件在独立基础里提供了多种参数图供选择，如图 3-17 所示。绘制独立基础时，选择"新建"→"新建参数化独立基础单元"选取对应的类型后，输入相对应的参数，完成独立基础设置，之后用点画的方法绘制图元，如图 3-18 所示。

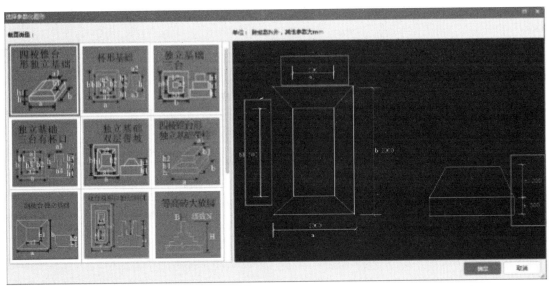

图 3-17　参数化独立基础

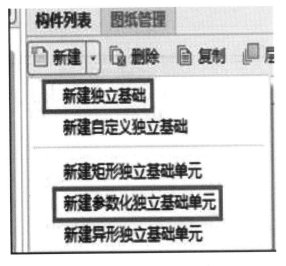
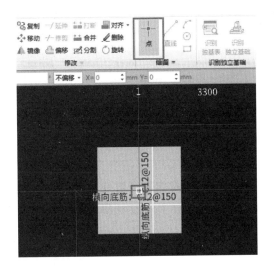

图 3-18　绘制图元

3.2　基础梁工程量计算

3.2.1　分析图纸

① 由结施-02 中第 11 条后浇带中可知,在底板和基础梁后浇带的位置设有－3mm×300mm 止水钢板 2 道。由于在其他层后浇带也有绘制,所以后浇带的绘制方法可见其他层的讲述。

② 通过结施-03,可以看到该筏板基础有基础主梁和基础次梁两种。基础主梁为 JZL1～JZL4,基础次梁为 JCL1。梁的主要信息如表 3-4 所示。

表 3-4　基础梁信息表

序号	类型	名称	混凝土强度	截面尺寸/(mm×mm)	梁底标高	配筋	备注
1	基础主梁	JZL1(9B)	C30	500×1200	基础底标高	配筋信息参考结施-03	
		JZL2(3B)	C30	500×1200	基础底标高		
		JZL3(4B)	C30	500×1200	基础底标高		
		JZL4(3)	C30	500×1200	基础底标高		
2	基础次梁	JCL1(1)	C30	500×1200	基础底标高		

3.2.2　基础梁清单、定额计算规则

(1)基础梁清单计算规则

基础梁的清单计算规则见表 3-5。

表 3-5　基础梁清单计算规则

编码	项目名称	单位	计算规则
010503001	现浇混凝土梁 基础梁	10m³	按设计图示尺寸以体积计算。伸入墙内梁头、梁垫并入梁体积内。梁长按下述规定确定: ① 梁与柱连接时,梁长算至柱侧面; ② 主梁与次梁连接时,次梁长算至主梁侧面

(2)基础梁定额计算规则

基础梁的定额计算规则见 3-6。

表 3-6　基础梁定额计算规则

编码	项目名称	单位	计算规则
5-17	现浇混凝土梁 基础梁	10m³	按设计图示尺寸以体积计算。伸入墙内梁头、梁垫并入梁体积内。梁长按下述规定确定: ① 梁与柱连接时,梁长算至柱侧面; ② 主梁与次梁连接时,次梁长算至主梁侧面

3.2.3 梁平法知识

梁的类型有楼面框架梁、屋面框架梁、框支梁、非框架梁、基础梁、悬挑梁等。梁平面布置图上采用平面注写方式或截面注写方式进行表达。

3.2.3.1 平面注写

在梁平面布置图上，分别在不同编号的梁中分别任选一根梁，在其上标注截面尺寸和配筋的具体数值的方式来表达梁信息，平面注写包括集中标注和原位标注，如图 3-19 所示。

(1) 基础梁的集中标注

集中标注内容包括必注内容和选注内容。必注内容为基础梁编号、截面尺寸和梁的配筋信息；选注内容为基础梁底面标高高差（相对于筏板基础平板底面标高）和必要的文字说明。

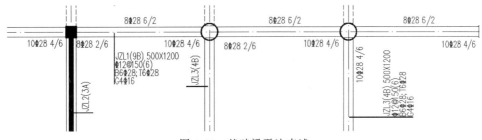

图 3-19 基础梁平法表述

① 基础梁编号。基础梁编号按表 3-7 的规定编号。图 3-19 中 JZL1（9B）表示为编号为 1 的基础主梁，跨度为 9 跨并且梁的两端有外伸。

表 3-7 筏板基础梁编号

类型	代号	序号	跨数及是否有外伸
基础主梁(柱下)	JZL	××	(××)梁端部无外伸；
基础次梁	JCL	××	(××A)梁一端有外伸； (××B)梁两端有外伸

② 基础梁截面尺寸。注写 $b \times h$，表示梁截面的宽度与高度。图 3-19 中 JZL1 的梁宽为 500mm，梁高为 1200mm。

③ 基础梁配筋。当梁采用一种箍筋间距时，注写钢筋级别、直径、间距和肢数（箍筋肢数写在括号内），图 3-19 中 JZL1 基础梁的箍筋强度等级为 HRB400 级，直径 12mm，间距为 150mm，6 肢箍。

梁的底部贯通纵筋以 B 打头并注写出钢筋级别、直径；梁顶部贯通纵筋以 T 打头并注写出钢筋级别、直径。JZL1 基础梁的底部贯通纵筋为 6 根直径 28mm 的 HRB400 级钢筋，顶部贯通纵筋为 6 根直径 28mm 的 HRB400 级钢筋。

梁两侧面对称设置的纵向构造钢筋的总配筋值以大写字母 G 打头。例如，JZL1 的 G4 Φ16 表示梁的每个侧面配置纵向构造钢筋 2Φ16，共配置 4Φ16。

(2) 基础梁的原位标注

原位表达梁的特殊数值，当集中标注中的某项数值不适用于梁的某个部位时，则将该项数值原位标注。施工时，原位标注取值优先。例如：图 3-19 中 JZL1 梁的原位标注表明在梁左端部的下部钢筋总共为 8 根Φ28 的钢筋，分两排摆放，上面一排为 2Φ28，下面一排为 6Φ28，其中 6$\ce{\underline{\Phi}}$28 为通长筋。

3.2.3.2 截面注写

当采用截面注写方式时，应在基础平面布置图上对所有的基础梁进行编号。截面注写的内容和形式，与传统的"单构件正投影表示方法"基本相同。

3.2.4 基础梁属性定义

基础梁的属性定义与框架梁的属性定义类似：在模块导航树中单击"基础"→"基础梁"，在构件列表中单击"新建"→"新建矩形基础梁"新建基础梁 JZL1。根据 JZL1（9B）在结施-03 中的集中标注信息，在属性列表中输入相应的属性值，如图 3-20 所示。

属性名称	属性值	附加
名称	JZL-1	
类别	基础主梁	☐
材质	商品混凝	☐
砼标号	(C30)	☐
砼类型	(碎石混凝	☐
截面宽度(	500	☑
截面高度(	1200	☑
截面面积(m	0.6	☐
截面周长(m	3.4	☐
起点顶标高	层底标高	☐
终点顶标高	层底标高	☐
轴线距梁左	(250)	☐
砖胎膜厚度	0	☐

图 3-20 基础梁属性定义

3.2.5 基础梁绘制

（1）直线绘制

对于直线形的梁，一般采用直线绘制方法绘制。在绘图界面单击"直线"命令，然后用鼠标左键依次单击梁起点 1 轴与 D 轴的交点和梁终点 4 轴与 D 轴的交点，如图 3-21 所示。

图 3-21 直线梁绘制

（2）偏移绘制

对于如 JCL1 这样梁两端不在轴线的交点或其他捕捉点上的梁来说（图 3-22），绘制时可采用偏移的方法绘制，即采用"Shift＋左键"的方法捕捉轴线交点以外的点来绘制。

JCL1 梁的两个端点的偏移为：4 轴和 D 轴的交点偏移 $X=0$，$Y=1950$，5 轴和 D 轴的交点偏移 $X=0$，$Y=1950$。

将鼠标放在 4 轴和 D 轴的交点处，同时按下"Shift"键和鼠标左键，在弹出的"输出偏移量值"对话框中输入相应的数值然后单击"确定"，这样就确定了梁的第一个点，同理确定梁的第二个点来绘制出 JCL1，后浇带的设置见其他层的绘制。

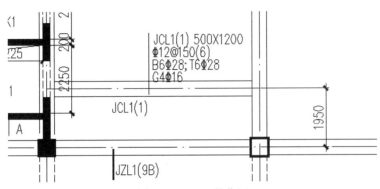

图 3-22　JCL1 的位置

3.2.6　做法套用

基础梁的做法套用如图 3-23 所示。

	编码	类别	名称	项目特征	单位	工程量表达式	表达式说明	单价	综合单价
1	⊟ 010501004001	项	现浇混凝土基础 满堂基础 有梁式		m3	TJ	TJ<体积>		
2	5-6	定	现浇混凝土基础 满堂基础 有梁式		m3	TJ	TJ<体积>	3846.57	
3	⊟ 011702001029	项	现浇混凝土模板 满堂基础 有梁式 复合模板 木支撑		m2	MBMJ	MBMJ<模板面积>		
4	17-151	定	现浇混凝土模板 满堂基础 有梁式 复合模板 木支撑		m2	MBMJ	MBMJ<模板面积>	4660.74	

图 3-23　基础梁做法套用

3.2.7　汇总结果清单

设置报表范围，选择"基础梁"→"汇总计算"，统计基础梁清单、定额工程量，见表 3-8 所示。

表 3-8　基础梁清单、定额工程量

编码	项目名称	单位	工程量明细	
			绘图输入	表格输入
010501004001	现浇混凝土基础 满堂基础 有梁式	10m³	9.3275	
5-6	现浇混凝土基础 满堂基础 有梁式	10m³	9.3275	

3.3 土方工程量计算

3.3.1 分析图纸

(1) 土类别和工作面宽度确定

在计算土方工程量前，应根据建筑或结构施工图，确定场地土类别。因为，各地区的土壤情况千差万别，甚至在同一地区的不同地点，或在同一地点的不同深度，土质情况也常有变化。这就涉及对土质类别和性能的区分，其中包括土壤及岩石的坚硬度、密实度和含水率等。因为土质的不同，会影响到土方的开挖方法、使用工具，从而影响工程费用。

通过该工程的结施-01 中第 3 条：场地的工程地质条件可知，该工程的场地土类别为 Ⅱ 类，同时通过结施 03 可知基坑的开挖深度＜6m，根据上述信息确定定额和清单的编码。

由结施-03 可知，本工程筏板基础土方属于大开挖土方，集水坑土方为基坑土方。依据辽宁省定额工程量计算规则的规定（见表 3-9），挖土方要有 400mm 的工作面，根据挖土深度，需要计算放坡增加的土方量。

表 3-9   基础施工单面工作面宽度计算表

基础材料	每面增加工作面宽度/mm
砖基础	200
毛石、方整石基础	250
混凝土基础、垫层（支模板）	400
基础垂直面做砂浆防潮层	800（自防潮层面）
基础垂直面做防水层或防腐层	1000（自防水层或防腐层）
支挡土板	150（另加）

工作面设置的意义在于：在基础施工中，按某些项目的工作需要，或因基础较深较狭，其所挖沟槽或基坑也会深而狭窄，为便于施工人员施展手脚，或施工机具的工作不受阻碍，在挖土时按基础垫层的双向尺寸向周边放出一定范围的操作面积，这种因施工需要所增加的工作面积叫增加工作面，简称工作面，图 3-24 中的 c 即为工作面宽度。

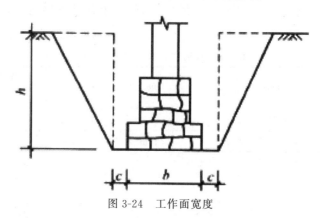

图 3-24   工作面宽度

当槽坑开挖需要支挡土板时。单边的开挖增加宽度，应为按基础材料确定的工作面宽度与支挡土板的工作面宽度之和。当混凝土垫层厚度大于 200mm 时，其工作面宽度按混凝土基础的工作面计算。

（2）挖土深度确定

挖土深度一般是根据基础施工图进行确定的，但基础施工图中标注的是基础底标高与设计室外地坪的标高，如果不加考虑，贸然按此计算，有可能与施工现场实际情况不符，从而导致土方工程量计算不准确。而挖土实际深度，应根据自然地坪标高与设计室外地坪标高的相对位置来确定。所谓自然地坪标高是经现场测定的，相对于±0.000 标高的自然地貌的平均标高。在确定挖土深度时，分别按以下三种情况计算：

① 当自然地坪标高与设计室外地坪标高相等时，挖土深度按设计室外地坪以下至基础垫层底部间的深度计算。

② 当自然地坪标高低于设计室外地坪标高时，挖土深度按自然地坪以下至基础垫层底部间的深度计算。

③ 当自然地坪标高高于设计室外地坪标高时，挖土分两部分计算：设计室外地坪以下部分，按其与基础垫层底部间的深度计算挖土；设计室外地坪以上部分，按建筑物外墙边线每边各加 2m 乘以设计室外地坪以上至自然地坪标高间的高差计算挖土。但设计室外地坪的放坡宽度大于 2m 的，按实际放坡宽度乘以以上高差计算挖土。

本例根据结施-03 所示，按②确定挖土深度。

（3）回填土深度确定

沟槽、基坑、大开挖坑内的基础完工后，要按设计要求把土回填至设计室外地坪标高，因此回填土的深度应按基础垫层底部至设计室外地坪标高间的深度计算。但挖土时自然地坪标高低于设计室外地坪标高的沟槽、基坑、大开挖坑内的回填土深度要分两部分计算：自然地坪以下部分按其与基础垫层底部间的深度计算回填土（回填深度等于挖土深度）；自然地坪以下部分，按建筑物外墙边线每边各加 2m 乘以自然地坪以上至设计室外地坪标高间的高差计算回填土深度。

本例按基础垫层底部至设计室外地坪标高间的深度计算回填土深度。

（4）放坡系数确定

计算挖沟槽、基坑土方工程量需放坡时，放坡系数可参照表 3-10 选取。

表 3-10　放坡系数表

土类别	放坡起点/m	人工挖土	机械挖土	
			在坑内作业	在坑上作业
一、二类土	1.20	1：0.5	1：0.33	1：0.75
三类土	1.50	1：0.33	1：0.25	1：0.67
四类土	2.00	1：0.25	1：0.10	1：0.33

3.3.2　土方清单、定额计算规则

（1）土方清单计算规则

土方的清单计算规则见表 3-11。

表 3-11   土方清单计算规则

编码	项目名称	单位	计算规则
010104003	挖一般土方	10m³	按设计图示尺寸以基础垫层底乘以挖土深度计算,挖土深度为设计室外地坪到垫层底之间的高度
010104003	挖坑槽方	10m³	按设计图示尺寸以基础垫层底乘以挖土深度计算,挖土深度为设计室外地坪到垫层底之间的高度
010103001	回填方	10m³	按设计图示尺寸以体积计算: ① 场地回填:回填面积乘以平均回填厚度; ② 室内回填:主墙间面积乘以回填厚度,不扣除间隔墙; ③ 基础回填:按挖方工程量减去室外地坪以下埋设的基础体积(包括基础垫层和其他构筑物)

（2）土方定额计算规则

土方的定额计算规则见表 3-12。

表 3-12   土方定额计算规则

编码	项目名称	单位	计算规则
1-109	挖一般土方	10m³	按设计图示尺寸以基础垫层底乘以挖土深度计算,挖土深度为设计室外地坪到垫层底之间的高度
1-115	挖坑槽方	10m³	按设计图示尺寸以基础垫层底乘以挖土深度计算,挖土深度为设计室外地坪到垫层底之间的高度
1-101	回填方	10m³	按设计图示尺寸以体积计算: ① 场地回填:回填面积乘以平均回填厚度; ② 室内回填:主墙间面积乘以回填厚度,不扣除间隔墙; ③ 基础回填:按挖方工程量减去室外地坪以下埋设的基础体积(包括基础垫层和其他构筑物)

3.3.3   土方属性定义和绘制

土方工程量
计算

（1）筏板基础大开挖土方

用反建构件法,在筏板基础定义界面,单击"筏板二次编辑"中的"生成土方",弹出如图 3-25 所示对话框,选择"大开挖土方",输入相关参数。

单击"确定",完成大开挖土方的定义和绘制,如图 3-26 所示。

（2）基坑土方绘制

在垫层界面,单击"集水坑二次编辑"中的"生成土方",弹出如图 3-27 所示对话框,选择"基坑土方",输入相关参数。

单击"确定",完成基坑土方的定义和绘制,如图 3-28 所示。

（3）大开挖土方设置边坡系数

对于大开挖基坑土方,还可以在绘制完土方图元后,对其进行二次编辑,达到修改土方边坡稀释的目的。如图 3-29 所示的一个筏板基础下面的大开挖基坑土方。选择功能按钮中的"设置放坡系数" → "所有边",点选该大开挖土方图元,单击鼠标右键确认,确认后出现"输入放坡系数"对话框,输入实际的放坡系数数值,单击"确定"按钮,完成放坡设置,如图 3-30 和图 3-31 所示。

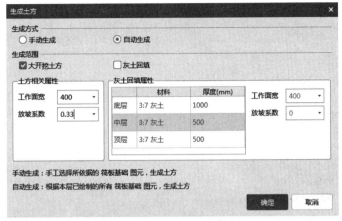

图 3-25　生成土方对话框

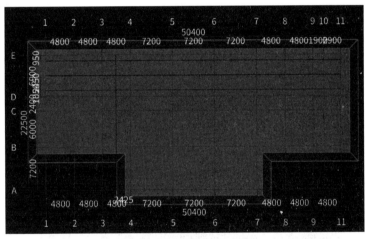

图 3-26　大开挖土方绘制

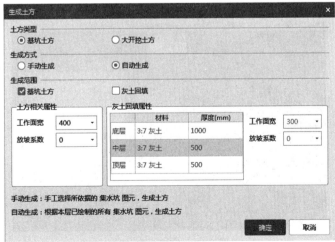

图 3-27　生成土方对话框

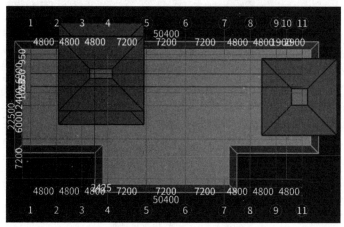

图 3-28　基坑土方绘制

(4) 坡道土方

　　由于坡道是在负一层，使用"大开挖土方二次编辑"中的"三点变斜"命令绘制坡道。结果如图 3-32 所示。

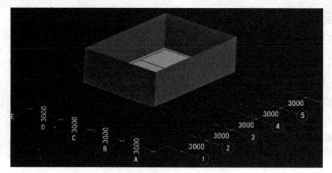

图 3-29　大开挖基坑土方

图 3-30　放坡系数设置

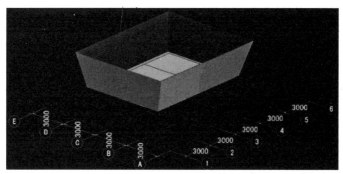

图 3-31　放坡设置结果

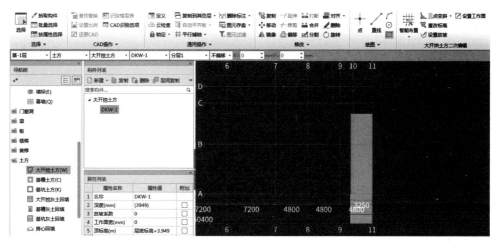

图 3-32　坡道绘制

3.3.4　做法套用

单击"土方",切换到属性定义界面。大开挖土方、基坑土方做法套用分别如图 3-33 和图 3-34 所示。

	编码	类别	名称	项目特征	单位	工程量表达式	表达式说明	单价	综合单价
1	⊟ 010104003001	项	挖掘机挖一般土方 一、二类土		m3	TFTJ	TFTJ〈土方体积〉		
2	1-109	定	挖掘机挖一般土方 一、二类土		m3	TFTJ	TFTJ〈土方体积〉	32.97	
3	⊟ 010103001009	项	机械回填土 机械夯实		m3				
4	1-101	定	机械回填土 机械夯实		m3			68.98	
5	⊟ 010104003004	项	挖掘机挖一般土方 一、二类土		m3				
6	1-112	定	挖掘机挖一般土方 一、二类土		m3			44.84	

图 3-33　大开挖土方做法套用

	编码	类别	名称	项目特征	单位	工程量表达式	表达式说明	单价	综合单价
1	⊟ 010104003007	项	挖掘机挖槽坑土方 一、二类土		m3	TFTJ	TFTJ〈土方体积〉		
2	1-115	定	挖掘机挖槽坑土方 一、二类土		m3	TFTJ	TFTJ〈土方体积〉	45.65	

图 3-34　基坑土方做法套用

3.3.5 汇总结果清单

汇总基础层和负一层计算，统计土方清单、定额工程量，如表 3-13 所示。

表 3-13 土方清单、定额工程量

编码	项目名称	单位	工程量明细	
			绘图输入	表格输入
010104003001	挖掘机挖一般土方 一、二类土	10m³	542.34623	
1-109	挖掘机挖一般土方 一、二类土	10m³	542.34623	
010104003007	挖掘机挖槽坑土方 一、二类土	10m³	27.47105	
1-115	挖掘机挖槽坑土方 一、二类土	10m³	27.47105	

第4章

首层工程量计算

本章学习要求：

1. 定义柱、墙、梁、板、门窗、楼梯等构件；
2. 绘制柱、墙、梁、板、门窗、楼梯等构件；
3. 掌握飘窗、过梁在 GTJ2018 软件中的处理方法；
4. 掌握暗柱、连梁在 GTJ2018 软件中的处理方法。

4.1　首层柱工程量计算

4.1.1　分析图纸

从"1号办公楼"图纸中可以看出，该办公楼的结构类型为框架-剪力墙结构，在该大厦的结施-05 的柱表中可以看到柱的截面和配筋信息，首层以框架柱为主，对于和墙体一样厚的暗柱可以作为剪力墙体进行计算，例如 GJZ1，而对于 GDZ1 这样的端柱，在计算时可以定义为矩形柱，在做法套用时套用矩形柱的清单和定额子目，柱肢按剪力墙处理，柱的主要信息见表 4-1 所示。

表 4-1　柱主要信息表

项目	名称	混凝土强度等级	截面尺寸/mm	标高	角筋	全部纵筋	b 每侧中部钢筋	h 每侧中部钢筋	箍筋类型号	箍筋
矩形框架柱	KZ1	C30	600×600	-0.100～+3.800	4 ⽄ 22		4 ⽄ 20	4 ⽄ 20	1(4×4)	Φ 10@100/200
	KZ6	C30	600×600	-0.100～+3.800	4 ⽄ 22		4 ⽄ 20	4 ⽄ 20	1(4×4)	Φ 10@100/200
	KZ7	C30	600×600	-0.100～+3.800	4 ⽄ 22		4 ⽄ 20	4 ⽄ 20	1(4×4)	Φ 10@100/200
圆形框架柱	KZ2	C30	$D=850$	-0.100～+3.800		8 ⽄ 25			7(4×4)	Φ 8@100/200
	KZ4	C30	$D=500$	-0.100～+3.800		8 ⽄ 20			7(4×4)	Φ 8@100/200
	KZ5	C30	$D=500$	-0.100～+3.800		8 ⽄ 22			7(4×4)	Φ 8@100/200
柱	GDZ1	C30	600×600	-0.100～+3.800	4 ⽄ 20		2 ⽄ 20	2 ⽄ 20		Φ 10@100
	GDZ2	C30	600×600	-0.100～+3.800	4 ⽄ 20		2 ⽄ 20	2 ⽄ 20		Φ 10@100
	GDZ3	C30	600×600	-0.100～+3.800	4 ⽄ 20		2 ⽄ 20	2 ⽄ 20		Φ 10@100
	GDZ4	C30	600×600	-0.100～+3.800	4 ⽄ 20		2 ⽄ 20	2 ⽄ 20		Φ 10@100

剪力墙的端柱的配筋形式如图 4-1 所示。

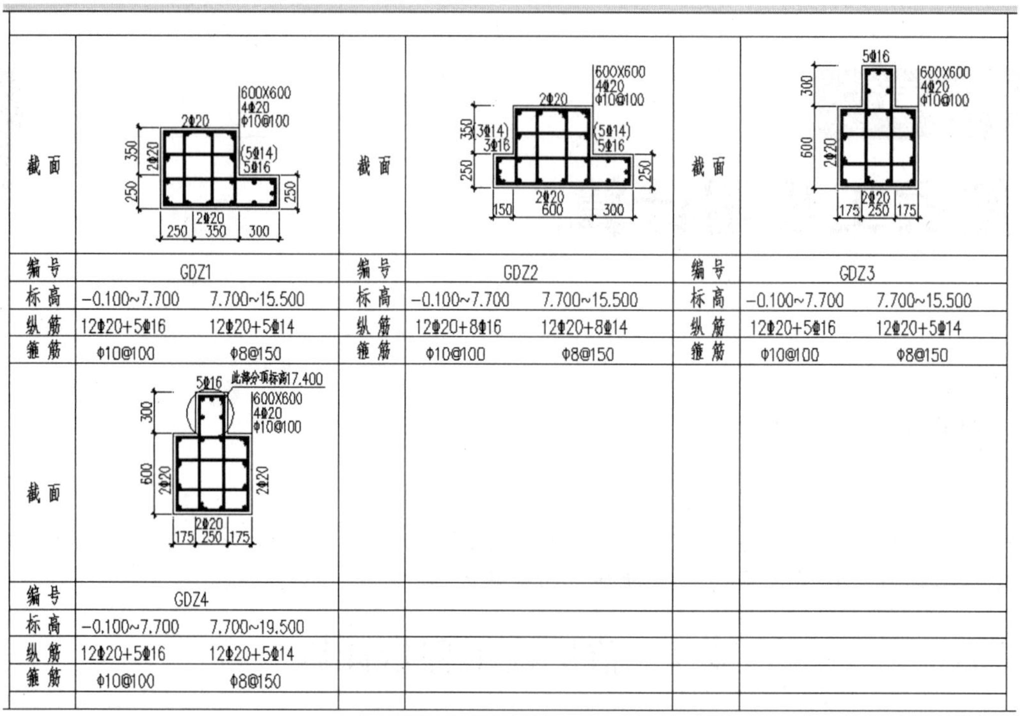

图 4-1　剪力墙端柱（GDZ1～GDZ4）

4.1.2　现浇混凝土柱基础知识

(1) 清单计算规则

柱清单计算规则见表 4-2。

表 4-2　柱清单计算规则

编码	项目名称	单位	计算规则
010502001	现浇混凝土 矩形柱	10m³	按设计图示尺寸以体积计算,柱高按下列规定计算: a. 有梁板的柱高,应自柱基上表面(或楼板上表面)至上一层楼板上表面之间的高度计算;
010502004	现浇混凝土 圆形柱		b. 无梁板的柱高,应自柱基上表面(或楼板上表面)至柱帽下表面之间的高度计算; c. 框架柱的柱高:应自柱基上表面至柱顶高度计算; d. 依附在柱上的牛腿和升板的柱帽,并入柱身体积计算
011702002	现浇混凝土 矩形柱模板	100m²	按混凝土与模板的接触面积计算
011702004	现浇混凝土 圆形柱模板		
011702033	现浇混凝土模板 柱支撑(支撑高度超过 3.6m,每超过 1m 钢支撑)	100m²	支模高度超过 3.6m 部分,模板超高支撑费用,按超高部分模板面积套用相应定额乘以 1.2 的 n(n 为超过 3.6m 后每超过 1m 的次数,若超过不足 1.0m,舍去不计)次方计算
010515001	现浇构件钢筋	t	按设计图示钢筋(网)长度(面积)乘以单位理论质量计算

（2）定额计算规则学习

柱定额计算规则见表 4-3。

表 4-3　柱定额计算规则

编码	项目名称	单位	计算规则
5-12	现浇混凝土 矩形柱	10m³	按设计柱高乘以柱的断面面积计算,依附在柱上的牛腿应合并在注的工程量内。柱高按下列规定计算: a. 有梁板的柱高,应自柱基上表面(或楼板上表面)至上一层楼板上表面之间的高度计算; b. 无梁板的柱高,应自柱基上表面(或楼板上表面)至柱帽下表面之间的高度计算;
5-15	现浇混凝土 圆形柱		c. 框架柱的柱高,有楼隔层时,自柱基上表面(或楼板上表面)算至上一层楼板上表面,无楼隔层时应自柱基上表面算至柱顶; d. 空心板楼盖的柱高,应自柱基上表面(或楼板上表面)算至托板或柱帽的下表面
5-146	现浇构件非预应力钢筋 圆钢 φ6.5mm 以上	t	a. 钢筋工程量应按设计长度乘以单位长度的理论质量以"t"计算。 b. 本定额中关于钢筋的搭接是按结构搭接和定尺搭接两种情况分别考虑的。钢筋结构搭接是指按设计图示和规范要求设置的搭接;如按设计图示和规范要求计算钢筋搭接长度的,应按设计图示和规范要求计算搭接长度;若设计图示和规范未标明搭接长度的,则不应另外计算钢筋搭接长度;定尺搭接见本书搭接设置中的说明。
5-162	现浇构件带肋钢筋 HRB400 以内直径 10mm		c. 先张法预应力钢筋按设计图示钢筋长度乘以单位理论质量计算。 d. 后张法预应力钢筋按设计图示钢筋(绞线、丝束)长度乘以单位理论质量计算。
5-268	钢筋焊接 电渣压力焊接 ≤φ18mm		e. 设计规定钢筋接头,采用电渣压力焊、直螺纹、锥螺纹和套筒挤压连接等接头时按"个"计算。 f. 灌注混凝土桩的钢筋笼制作、安装按质量以"t"计算
17-174	现浇混凝土模板 矩形柱 复合模板 钢支撑	100m²	按模板与混凝土的接触面积计算
17-179	现浇混凝土模板 圆形柱 复合模板 钢支撑		
17-244	现浇构件混凝土 模板 柱(支撑高度超过 3.6m,每增加 1m)	100m²	支模高度超过 3.6m 部分,模板超高支撑费用,按超高部分模板面积套用相应定额乘以 1.2 的 n(n 为超过 3.6m 后每超过 1m 的次数,若超过不足 1.0m,舍去不计)次方计算

4.1.3　柱绘制

柱绘制时首先需要对柱进行属性的赋予和做法套用,属性的赋予采用以下方法进行。

4.1.3.1　柱属性定义

（1）矩形柱

① 在软件左侧界面导航树中打开"柱"文件夹,选择"柱"构件,并将右侧页签切换至"构件列表"和"属性列表",如图 4-2 所示。

首层柱
工程量的计算

图 4-2　柱属性定义界面

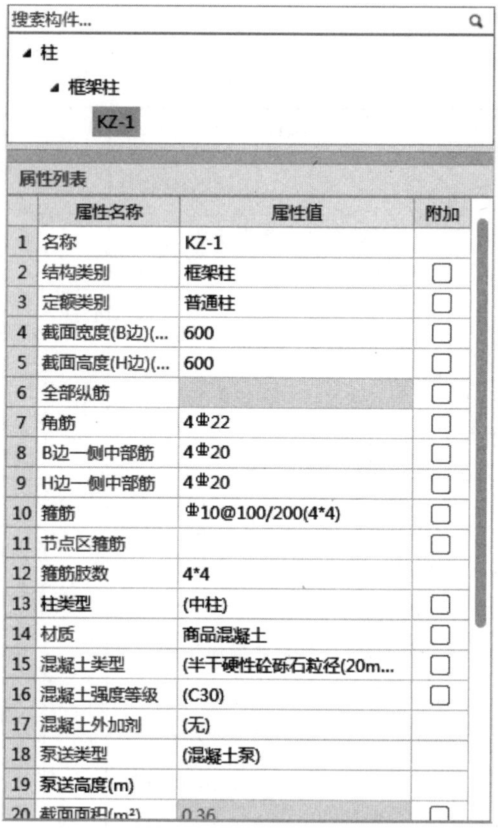

图 4-3　矩形柱属性定义

② 选择"新建矩形柱",输入柱名称(以 KZ1 为例),并在下方属性列表中根据图纸信息,将 KZ1 的截面尺寸、钢筋型号、标高等信息录入软件,如图 4-3 所示。

(2)圆形框架柱

选择"新建圆形柱",输入柱名称(以 KZ2 为例),方法同矩形柱。圆形框架柱属性定义如图 4-4 所示。

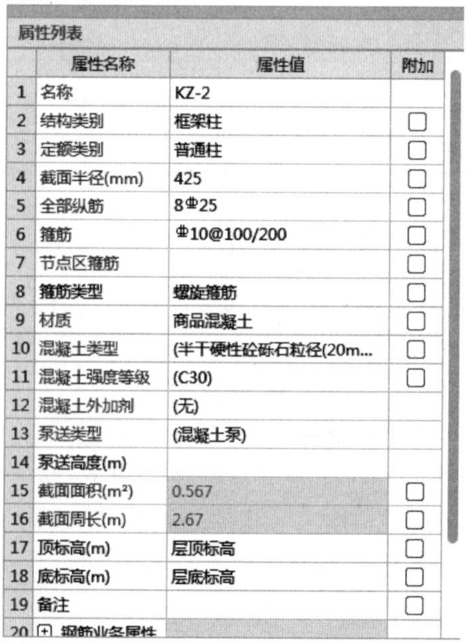

4.1.3.2　做法套用

套用做法是指构件按照计算规则计算、汇总出做法工作量,方便进行同类项汇总,同时与计价软件数据对接。构件的套用做法,可通过单击"定义",在弹出的"定义"界面中,单击"构件做法"通过手动添加清单定额、查询清单定额库添加或查询匹配清单定额的方式添加实现。

例如,KZ1 柱的混凝土清单项目编码完善后为 010502001001;KZ1 柱的模板清单项目编码完善后

图 4-4　圆形框架柱属性定义

为 011702002002。通过查询定额库添加定额，KZ1 柱的做法套用见图 4-5 所示，KZ2 柱的做法套用见图 4-6 所示，GDZ1 柱的做法套用见图 4-7 所示。

	编码	类别	名称	项目特征	单位	工程量表达式	表达式说明	单价	综合单价
1	⊟ 010502001001	项	现浇混凝土柱 矩形柱		m3	TJ	TJ〈体积〉		
2	5-12	定	现浇混凝土柱 矩形柱		m3	TJ	TJ〈体积〉	3916.36	
3	⊟ 011702002002	项	现浇混凝土模板 矩形柱 复合模板 钢支撑		m2	MBMJ	MBMJ〈模板面积〉		
4	17-174	定	现浇混凝土模板 矩形柱 复合模板 钢支撑		m2	MBMJ	MBMJ〈模板面积〉	5801.3	

图 4-5　KZ1 柱套用做法

| 截面编辑 | 构件做法 |

	编码	类别	名称	项目特征	单位	工程量表达式	表达式说明	单价	综合单价
1	⊟ 010502004001	项	现浇混凝土柱 圆形柱		m3	TJ	TJ〈体积〉		
2	5-15	定	现浇混凝土柱 圆形柱		m3	TJ	TJ〈体积〉	3923.95	
3	⊟ 011702004003	项	现浇混凝土模板 圆形柱 复合模板 钢支撑		m2	MBMJ	MBMJ〈模板面积〉		
4	17-179	定	现浇混凝土模板 圆形柱 复合模板 钢支撑		m2	MBMJ	MBMJ〈模板面积〉	10142.01	

图 4-6　KZ2 柱套用做法

| 截面编辑 | 构件做法 |

	编码	类别	名称	项目特征	单位	工程量表达式	表达式说明	单价	综合单价
1	⊟ 010502001001	项	现浇混凝土柱 矩形柱		m3	TJ	TJ〈体积〉		
2	5-12	定	现浇混凝土柱 矩形柱		m3	TJ	TJ〈体积〉	3916.36	
3	⊟ 011702002002	项	现浇混凝土模板 矩形柱 复合模板 钢支撑		m2	MBMJ	MBMJ〈模板面积〉		
4	17-174	定	现浇混凝土模板 矩形柱 复合模板 钢支撑		m2	MBMJ	MBMJ〈模板面积〉	5801.3	

图 4-7　GDZ1 柱套用做法

4.1.3.3　柱绘制

柱定义结束后，单击"绘图"，回到绘图界面后进行柱绘制。

(1) 点绘制

在软件菜单栏绘图页签下选择"点"的方式布置柱，点击轴线交点布置，完成柱绘制，如图 4-8 所示。

(2) 偏移绘制

若柱的位置与轴线交点有偏移，可将菜单栏下方的"不偏移"切换至"正交"，并输入偏移量。用偏移方式绘制，如图 4-9 所示。

若图中某些轴线相交处的柱都相同时，可采用"智能布置"方式来绘制柱。例如结施-05 中，B—E 轴线与⑧轴线的交点均布置 KZ1 柱，并且布置位置和形式均相同，即可采用该功能快速布置。布置方法为：首先，选择 KZ1；之后再依次单击"建模""柱二次编辑""智能布置"；选择"轴线"布置；在绘图区框选要布置的柱范围，单击鼠标右键确定，则软件会自动在所选范围内所有轴线交点处布置上 KZ1 柱，布置结果如图 4-10 所示。

(3) 其他柱的绘制

绘制完 KZ1 后，切换其他柱构件，如图 4-11 所示，可以用点绘的方式绘制首层全部框架柱。

(4) 镜像

通过对结施-05 图纸分析可知，1～5 轴上的柱与 6～11 轴上的柱是对称的，因此，在绘制

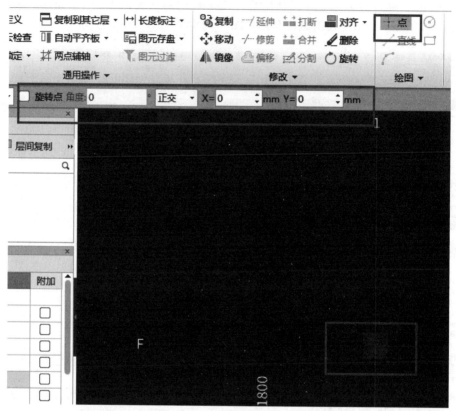

图 4-8　柱的点绘制

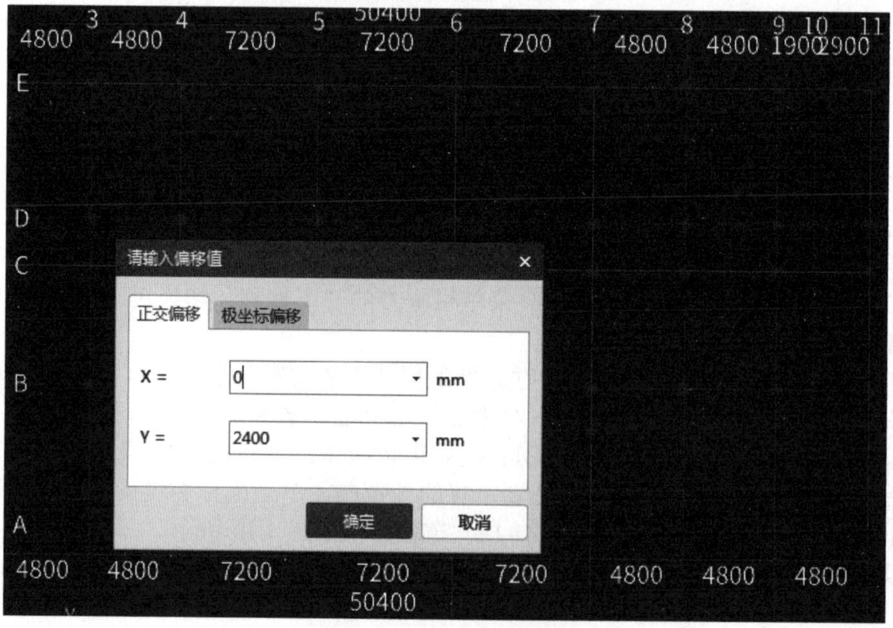

图 4-9　柱的偏移绘制

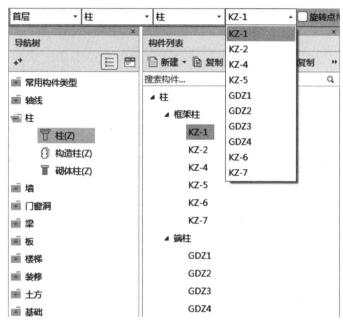

图 4-10　智能布置柱

图 4-11　切换柱构件

柱时可以采用镜像的方法绘制，方法为：首先选择已绘制出的 1～5 轴线上的所有柱；单击"建模"标签下"修改"面板上的"镜像"命令，如图 4-12 所示；单击显示栏中的"中点"，捕捉 5～6 轴之间的中点，如果在屏幕上出现一个黄色的三角形图标，就表明已捕捉到，然后选中第二点，单击鼠标右键确定即可，如图 4-12 所示，这时在下方状态栏的地方会提示需要进行的下一步操作。

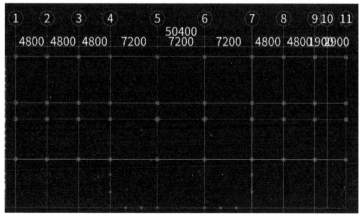

图 4-12　镜像

4.1.4　工程量汇总结果

本层柱工程量汇总的结果，通过单击"工程量"标签下的"合法性检查"，合法性检查无误后，进行汇总计算，弹出"汇总计算"对话框，在该对话框中选择"首层"中的"柱"选项，如图 4-13 所示。

图 4-13　汇总计算对话框

汇总计算结束后，在"工程量"标签下可查看土建和钢筋计算结果，分别见表 4-4 和表 4-5 所示。

表 4-4　首层柱清单、定额工程量

序号	编码	项目名称	单位	工程量
1	010502001001	现浇混凝土柱 矩形柱	10m³	5.3352
2	5-12	现浇混凝土柱 矩形柱	10m³	5.3352
3	011702002002	现浇混凝土模板 矩形柱 复合模板 钢支撑	100m²	3.5568
4	17-174	现浇混凝土模板 矩形柱 复合模板 钢支撑	100m²	3.5568
5	010502004001	现浇混凝土柱 圆形柱	10m³	1.20842
6	011702033001	现浇混凝土模板 柱支撑 支撑高度超过 3.6m 每超过 1m 钢支撑	100m²	0.336742
7	17-244	现浇混凝土模板 柱支撑 支撑高度超过 3.6m 每超过 1m 钢支撑	100m²	0.336742
8	5-15	现浇混凝土柱 圆形柱	10m³	1.20842
9	011702004003	现浇混凝土模板 圆形柱 复合模板 钢支撑	100m²	0.820898
10	17-179	现浇混凝土模板 圆形柱 复合模板 钢支撑	100m²	0.820898

表 4-5 首层柱钢筋工程量

汇总信息	构件名称	钢筋总重量/kg	HRB400/t					
			8	10	20	22	25	合计
柱	KZ1[109]	356.435		106.569	191.088	58.778		356.435
	KZ1[110]	356.435		106.569	191.088	58.778		356.435
	KZ1[111]	356.435		106.569	191.088	58.778		356.435
	KZ1[112]	356.435		106.569	191.088	58.778		356.435
	KZ1[117]	356.435		106.569	191.088	58.778		356.435
	KZ1[118]	356.435		106.569	191.088	58.778		356.435
	KZ1[142]	356.435		106.569	191.088	58.778		356.435
	KZ1[151]	356.435		106.569	191.088	58.778		356.435
	KZ1[155]	356.435		106.569	191.088	58.778		356.435
	KZ1[156]	356.435		106.569	191.088	58.778		356.435
	KZ1[166]	356.435		106.569	191.088	58.778		356.435
	KZ1[167]	356.435		106.569	191.088	58.778		356.435
	KZ1[168]	356.435		106.569	191.088	58.778		356.435
	KZ1[169]	356.435		106.569	191.088	58.778		356.435
	KZ1[170]	356.435		106.569	191.088	58.778		356.435
	KZ1[171]	356.435		106.569	191.088	58.778		356.435
	KZ1[172]	356.435		106.569	191.088	58.778		356.435
	KZ1[173]	356.435		106.569	191.088	58.778		356.435
	KZ2[140]	207.914		51.602			156.312	207.914
	KZ2[153]	207.914		51.602			156.312	207.914
	KZ4[127]	112.713	17.169		95.544			112.713
	KZ4[128]	112.713	17.169		95.544			112.713
	KZ4[163]	112.713	17.169		95.544			112.713
	KZ4[164]	112.713	17.169		95.544			112.713
	KZ5[144]	134.725	17.169			117.556		134.725
	KZ5[145]	134.725	17.169			117.556		134.725
	KZ5[146]	134.725	17.169			117.556		134.725
	KZ5[147]	134.725	17.169			117.556		134.725
	KZ5[148]	134.725	17.169			117.556		134.725
	KZ5[149]	134.725	17.169			117.556		134.725
	KZ6[120]	356.435		106.569	191.088	58.778		356.435
	KZ6[121]	356.435		106.569	191.088	58.778		356.435
	KZ6[135]	356.435		106.569	191.088	58.778		356.435
	KZ7[137]	356.435		106.569	191.088	58.778		356.435
	KZ7[138]	356.435		106.569	191.088	58.778		356.435
	合计	9873.035	171.69	2554.291	4777.2	2057.23	312.624	9873.035

续表

汇总信息	构件名称	钢筋总重量/kg	HRB400/t					
			8	10	20	22	25	合计
端柱	GDZ1[101]	295.404		144.84	150.564			295.404
	GDZ1[103]	295.404		144.84	150.564			295.404
	GDZ1[175]	295.404		144.84	150.564			295.404
	GDZ1[180]	295.404		144.84	150.564			295.404
	GDZ2[106]	295.404		144.84	150.564			295.404
	GDZ2[107]	295.404		144.84	150.564			295.404
	GDZ2[177]	295.404		144.84	150.564			295.404
	GDZ2[178]	295.404		144.84	150.564			295.404
	GDZ3[130]	295.404		144.84	150.564			295.404
	GDZ3[131]	295.404		144.84	150.564			295.404
	GDZ3[158]	295.404		144.84	150.564			295.404
	GDZ3[159]	295.404		144.84	150.564			295.404
	GDZ3[160]	295.404		144.84	150.564			295.404
	GDZ3[161]	295.404		144.84	150.564			295.404
	GDZ4[133]	295.404		144.84	150.564			295.404
	合计:	4431.06		2172.6	2258.46			4431.06

4.2　首层剪力墙、连梁工程量计算

4.2.1　分析图纸

(1) 剪力墙分析

分析结施-05、结施-01,可以得到首层剪力墙的墙身信息,见表4-6。

首层剪力墙连梁的计算

表 4-6　剪力墙墙身表

类型	名称	混凝土强度	墙厚/mm	标高	水平筋	竖向筋	拉筋
外墙	Q1	C30	250	−0.100~+3.800	⌀12@200	⌀12@200	Φ8@600
内墙	Q1	C30	250	−0.100~+3.800	⌀12@200	⌀12@200	Φ8@600
内墙	Q2(电梯)	C30	200	−0.100~+3.800	⌀12@200	⌀12@200	Φ8@600
内墙	Q1(电梯)	C30	250	−0.100~+3.800	⌀12@200	⌀12@200	Φ8@600

(2) 连梁分析

在剪力墙体系中连梁属于剪力墙的一部分。

① 通过结施-05可以看到在1轴和H轴的剪力墙上有连梁LL4,其尺寸为250mm×1200mm,梁顶相对标高高差为0.6m,在建施-03中连梁LL4的下方是窗LC3,其尺寸是1500mm×2700mm,而在建施-12中窗LC3的离地高度是600mm,因此,剪力墙Q1在C轴和D轴之间只有窗LC3,可以直接绘制剪力墙Q1,然后绘制窗LC3,不用绘制连梁LL4。

② 结施-05 中 4 轴和 7 轴的剪力墙上有连梁 LL1，在建施-03 中连梁 LL1 的下方无门窗洞口。因此绘制该处剪力墙时，可以在 LL1 处将剪力墙断开，然后绘制 LL1。

③ 结施-05 中 4 轴电梯位置处有连梁 LL2、LL3，在建施-03 中连梁 LL3 的下方无门窗洞口。因此该处剪力墙 Q1 可以通画，然后绘制洞口，不绘制连梁 LL2。

（3）暗梁、暗柱分析

暗梁、暗柱属于剪力墙的一部分。例如本工程中如 YJZ1 这样宽度和墙厚一样的暗柱，遇到这样的暗柱，剪力墙采用通常绘制，暗柱不用另外再绘出。对于 GDZ1 这样的暗柱，可以把它定义为矩形柱进行绘制，在做法套用时按照矩形柱的做法处理，柱肢按剪力墙处理。

4.2.2　剪力墙清单、定额计算规则学习

（1）清单计算规则学习

剪力墙清单计算规则见表 4-7 所示。

表 4-7　剪力墙清单计算规则

编码	项目名称	单位	计算规则
010504001	现浇直形墙混凝土	10m³	按设计图示尺寸以体积计算。扣除门窗洞口及单个面积＞0.3m² 的孔洞所占体积
010504003	现浇混凝土墙 短肢剪力墙		
010504005	现浇混凝土墙 电梯井壁直形墙		
011702011	现浇混凝土模板 直形墙模板	100m²	按模板与现浇混凝土构件的接触面积计算
011702013	现浇混凝土模板 短肢剪力墙模板		
011702013	现浇混凝土模板 电梯井壁直形墙模板		
011702033	现浇混凝土模板 墙支撑（支撑高度超过3.6m，每超过 1m 钢支撑）	100m²	支模高度超过 3.6m 部分，模板超高支撑费用，按超高部分模板面积套用相应定额乘以1.2 的 n 次方

（2）定额计算规则

剪力墙定额计算规则见表 4-8。

表 4-8　剪力墙定额计算规则

编码	项目名称	单位	计算规则
5-25	现浇直形墙混凝土	10m³	按设计图示尺寸以体积计算
5-27	现浇混凝土墙 短肢剪力墙		
5-29	现浇混凝土墙 电梯井壁直形墙		
17-197	现浇混凝土模板 直形墙 复合模板 钢支撑	100m²	按模板与现浇混凝土构件的接触面积计算
17-201	现浇混凝土模板 短肢剪力墙 复合模板 钢支撑		
17-204	现浇混凝土模板 电梯井壁 复合模板 钢支撑		
17-246	现浇构件 混凝土模板（墙支撑高度超过3.6m，每增加 1m）	100m²	支模高度超过 3.6m 部分，模板超高支撑费用，按超高部分模板面积套用相应定额乘以1.2 的 n 次方（n 为超过 3.6m 后每超过 1m 的次数，若超过不足 1.0m，舍去不计）

4.2.3　剪力墙绘制

剪力墙绘制时首先需要对剪力墙进行属性的赋予和做法套用，属性的赋予采用以下方法进行。

4.2.3.1　剪力墙属性定义

（1）新建剪力墙

在导航树中选择"墙"→"剪力墙"，在"构件列表"中单击"新建"→"新建外墙"，如图 4-14 所示。在"属性列表"中对剪力墙属性进行编辑，如图 4-15 所示。

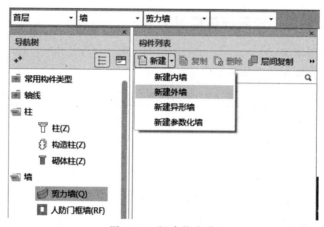

图 4-14　新建剪力墙

	属性名称	属性值	附加
1	名称	Q1	
2	厚度(mm)	250	☐
3	轴线距左墙皮…	(125)	☐
4	水平分布钢筋	(2)Φ12@200	☐
5	垂直分布钢筋	(2)Φ12@200	☐
6	拉筋	Φ8@600*600	☐
7	材质	商品混凝土	☐
8	混凝土类型	(半干硬性砼砾…	☐
9	混凝土强度等级	(C30)	☐
10	混凝土外加剂	(无)	
11	泵送类型	(混凝土泵)	
12	泵送高度(m)		
13	内/外墙标志	(外墙)	☑
14	类别	混凝土墙	☐
15	起点顶标高(m)	层顶标高	☐
16	终点顶标高(m)	层顶标高	☐
17	起点底标高(m)	层底标高	☐
18	终点底标高(m)	层底标高	☐
19	备注		☐
20	⊞ 钢筋业务属性		
33	⊞ 土建业务属性		
40	⊞ 显示样式		

图 4-15　Q1 剪力墙属性

	属性名称	属性值	附加
1	名称	Q2	
2	厚度(mm)	200	☐
3	轴线距左墙皮…	(100)	☐
4	水平分布钢筋	(2)Φ12@200	☐
5	垂直分布钢筋	(2)Φ12@200	☐
6	拉筋	Φ8@600*600	☐
7	材质	商品混凝土	☐
8	混凝土类型	(半干硬性砼砾…	☐
9	混凝土强度等级	(C30)	☐
10	混凝土外加剂	(无)	
11	泵送类型	(混凝土泵)	
12	泵送高度(m)		
13	内/外墙标志	内墙	☑
14	类别	混凝土墙	☐
15	起点顶标高(m)	层顶标高	☐
16	终点顶标高(m)	层顶标高	☐
17	起点底标高(m)	层底标高	☐
18	终点底标高(m)	层底标高	☐
19	备注		☐
20	⊞ 钢筋业务属性		
33	⊞ 土建业务属性		
40	⊞ 显示样式		

图 4-16　Q2 剪力墙属性

（2）通过复制建立新构件

通过对图纸结施-05 的分析可知，本案例工程有 Q1 和 Q2 两种类型的剪力墙，这两种墙的材料、高度和配筋均是一样的，区别在于墙体的名称、厚度和布置的位置不同。在新建好的 Q1 构件后，选中"Q1"，单击鼠标右键选择"复制"，或则直接单击"复制"按钮，软件自动建立名为"Q2"的构件，然后对"Q2"进行属性编辑，如图 4-16 所示。

4.2.3.2　连梁属性定义

在导航树中选择"梁"菜单下的"连梁"，在"构件列表"中单击"新建"下的"新建矩形连梁"，如图 4-17 所示。在"属性列表"中对连梁属性进行编辑，如图 4-18 所示。

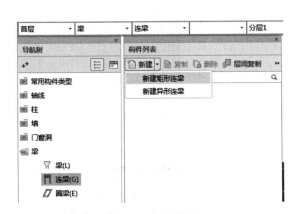

图 4-17　新建连梁　　　　　　　　　图 4-18　连梁属性

4.2.3.3　做法套用

Q1 剪力墙的做法套用如图 4-19 所示。

图 4-19　Q1 剪力墙的做法套用

Q2 剪力墙的做法套用如图 4-20 所示。

	编码	类别	名称	项目特征	单位	工程量表达式	表达式说明	单价	综合单价
1	⊟ 010504005001	项	现浇混凝土墙 电梯井壁直形墙		m3	TJ	TJ<体积>		
2	5-29	定	现浇混凝土墙 电梯井壁直形墙		m3	TJ	TJ<体积>	3882.99	
3	⊟ 011702013004	项	现浇混凝土模板 电梯井壁 复合模板 钢支撑		m2	MBMJ	MBMJ<模板面积>		
4	17-204	定	现浇混凝土模板 电梯井壁 复合模板 钢支撑		m2	MBMJ	MBMJ<模板面积>	6060.37	
5	⊟ 011702033003	项	现浇混凝土模板 墙支撑 支撑高度超过3.6m每增过1m 钢支撑		m2	CGMBMJ	CGMBMJ<超高模板面积>		
6	17-246	定	现浇混凝土模板 墙支撑 支撑高度超过3.6m每增过1m 钢支撑		m2	CGMBMJ	CGMBMJ<超高模板面积>	414.91	

图 4-20   Q2 剪力墙的做法套用

连梁是剪力墙的一部分，一般无须套用做法，如果套用，按照剪力墙的相关做法套用。

4.2.3.4   剪力墙绘制

剪力墙定义结束后，单击"绘图"，回到绘图界面后进行剪力墙绘制。

（1）直线绘制

在导航树中选择"墙"下的"剪力墙"，在"构件列表"中选择要绘制的剪力墙 Q1，用鼠标左键依次单击 Q1 墙的起点 1 轴与 B 轴的交点和终点 1 轴与 E 轴的交点，绘制出墙 Q1。

（2）偏移墙体

通过结施-05 可以看到，1 轴上的剪力墙 Q1 并不是居于轴线上的，因此需要把绘制好的 1 轴上的剪力墙 Q1 进行偏移处理。选中 Q1，单击"偏移"，输入 175mm，如图 4-21 所示。在弹出的"是否要删除原来图元"的对话框中，选择"是"按钮即可。

（3）辅助线绘制墙体

通过结施-05 可以看到，Q2 的电梯墙体位置处没有轴线。这就需要针对 Q2 在电梯的位置建立辅助轴线。具体位置参见建施-03、建施-15，单击"通用操作"面板上、"两点辅轴"下的"平行辅轴"，再单击 4 轴，在弹出的对话框中"偏移距离 mm"选项内输入"－2425"，单击"确定"建立辅助轴线。用同样的方法，选中 E 轴，在弹出的对话框中"偏移距离 mm"选项内输入"－950"，再选中 D 轴，在弹出的对话框中"偏移距离 mm"选项内输入"1050"分别建立辅助轴线。辅助轴线建立完毕后，在"构件列表"中选择 Q2（电梯）在绘图界面进行 Q2（电梯）剪力墙的绘制，绘制完成后单击"保存"按钮。

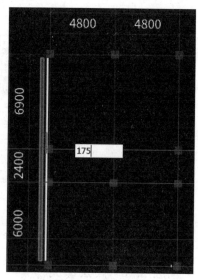

图 4-21   偏移墙体

4.2.4   工程量汇总结果

剪力墙绘制完成后，通过单击"工程量"选项卡下的"汇总计算"，进行汇总工程量，或按"F9"键进行汇总计算。再选择"查看报表"，单击"设置报表范围"选择"首层"中的"剪力墙""暗柱"和"连梁"选项，单击"确定"，首层剪力墙清单、定额工程量分别见表 4-9 和表 4-10。

表 4-9　首层剪力墙清单、定额工程量

序号	编码	项目名称	单位	工程量明细	
				绘图输入	表格输入
1	010504001002	现浇混凝土墙 直形墙 混凝土	10m³	4.09725	
	5-25	现浇混凝土墙 直形墙 混凝土	10m³	4.09725	
2	010504005001	现浇混凝土墙 电梯井壁直形墙	10m³	1.36485	
	5-29	现浇混凝土墙 电梯井壁直形墙	10m³	1.36485	
3	011702011002	现浇混凝土模板 直形墙 复合模板 钢支撑	100m²	3.3198	
	17-197	现浇混凝土模板 直形墙 复合模板 钢支撑	100m²	3.3198	
4	011702013004	现浇混凝土模板 电梯井壁 复合模板 钢支撑	100m²	1.2762	
	17-204	现浇混凝土模板 电梯井壁 复合模板 钢支撑	100m²	1.2762	
5	011702033003	现浇混凝土模板 墙支撑 支撑高度超过 3.6m 每超过 1m 钢支撑	100m²	0.3702	
	17-246	现浇混凝土模板 墙支撑 支撑高度超过 3.6m 每超过 1m 钢支撑	100m²	0.3702	

表 4-10　首层剪力墙钢筋工程量

楼层名称	构件类型	钢筋总重量/kg	HPB300/t	HRB400/t				
			8	10	12	18	25
首层	剪力墙	5006.952	80.11		4926.842		
	连梁	185.36		66.888		112	6.472

4.3　首层梁工程量计算

4.3.1　分析图纸

分析结施-08，从左至右、从上至下可以得到本层有框架梁、屋面框架梁、非框架梁和悬挑梁 4 种，各种梁的信息见表 4-11。

表 4-11　梁表

序号	类型	名称	混凝土强度	截面尺寸/(mm×mm)		顶标高	配筋	备注
1	框架梁	KL1(9)	C30	250×500	250×650	层顶标高	配筋信息参考结施-08	变截面
		KL2(9)	C30	250×500	250×650	层顶标高		变截面
		KL3(1)	C30	250×500		层顶标高		
		KL4(7)	C30	250×500	250×650	层顶标高		变截面
		KL5(3B)	C30	250×500		层顶标高		
		KL6(3B)	C30	250×500		层顶标高		
		KL7(2A)	C30	250×600		层顶标高		
		KL8(7)	C30	250×500	250×650	层顶标高		变截面
		KL9(1)	C30	250×500		层顶标高		

续表

序号	类型	名称	混凝土强度	截面尺寸/(mm×mm)	顶标高	配筋	备注
2	屋面框架梁	WKL1(5B)	C30	250×600	层顶标高		
		WKL2(2A)	C30	250×600	层顶标高		
		WKL3(1)	C30	250×500	层顶标高		
3	非框架梁	L1(1)	C30	250×500	层顶标高	配筋信息参考结施-08	
		L2(1)	C30	250×500	层顶标高		
		L3(2)	C30	250×500	层顶标高		
		L4(1)	C30	250×400	层顶标高		
		L5(1A)	C30	250×600	层顶标高		
		L6(1)	C30	250×400	层顶标高		
		L7(1)	C30	250×600	层顶标高		
		L8(2)	C30	250×400	层顶标高		
		L9(1)	C30	250×600	层顶标高		
		L10(1)	C30	250×400	层顶标高		
		L11(1)	C30	250×600	层顶标高		
		L12(7)	C30	250×500	层顶标高		
		L13(1)	C30	250×500	层顶标高		
4	悬挑梁	XL1	C30	250×500	层顶标高		

4.3.2 梁清单、定额计算规则学习

(1) 清单计算规则学习

梁清单计算规则见表 4-12。

表 4-12 梁清单计算规则

编码	项目名称	单位	计算规则
010503002	现浇混凝土梁 矩形梁	10m³	按设计图示尺寸以体积计算。伸入墙内梁头、梁垫并入梁体积内。梁长按下述规定确定:①梁与柱连接时,梁长算至柱侧面;②主梁与次梁连接时,次梁长算至主梁侧面
010503003	现浇混凝土梁 异形梁		
011702006	现浇混凝土模板 矩形梁	100m²	按模板与现浇混凝土构件的接触面积计算
011702007	现浇混凝土模板 异形梁		
011702033	现浇混凝土模板 梁支撑(支撑高度超过3.6m,每超过1m钢支撑)	100m²	支模高度超过3.6m部分,模板超高支撑费用,按超高部分模板面积套相应定额乘以1.2的 n 次方(n 为超过3.6m后每超过1m的次数,若超过不足1.0m,舍去不计)

(2) 定额计算规则

梁的定额计算规则见表 4-13。

表 4-13　梁定额计算规则

编码	项目名称	单位	计算规则
5-18	现浇混凝土梁 矩形梁	10m³	混凝土工程量按设计图示体积以"m³"计算,不扣除构件内的钢筋、螺栓、预埋件及单个面积 0.3m² 以内的孔洞所占体积。 ① 梁与柱连接时,梁长算至柱侧面; ② 主梁与次梁连接时,次梁长算至主梁侧面; ③ 伸入砌体墙内的梁头、梁垫并入梁体积内计算; ④ 梁的高度算至梁顶,不扣除板的厚度
5-19	现浇混凝土梁 异形梁		
17-185	现浇混凝土模板 矩形梁 复合模板 钢支撑	100m²	按模板与混凝土的接触面积以"m²"计算。梁与柱、梁余量连接重叠部分,以及伸入墙内的梁头接触部分,均不计算模板面积
17-187	现浇混凝土模板 异形梁 复合模板 钢支撑		
17-245	现浇混凝土模板(梁支撑高度超过 3.6m,每超过 1m 钢支撑)	100m²	支模高度超过 3.6m 部分,模板超高支撑费用,按超高部分模板面积套用相应定额乘以 1.2 的 n 次方(n 为超过 3.6m 后每超过 1m 的次数,若超过不足 1.0m,舍去不计)

4.3.3　梁绘制

梁绘制时首先需要对梁进行属性的赋予和做法套用,属性的赋予采用以下方法进行。

首层框架梁
工程量的计算

4.3.3.1　梁属性定义

(1) 框架梁

在导航树中单击"墙""梁",在"构件列表"中单击"新建"→"新建矩形梁"新建矩形梁 KL1 (9),根据 KL1 (9) 在结施-05 中的集中标注信息,在属性列表中输入相应的属性值,如图 4-22 所示。

(2) 屋面框架梁

屋面框架梁属性定义同框架梁,对于屋面框架梁,在定义时,需要在属性的"结构类别"中选择"屋面框架梁",其他与框架梁的输入方式一致,如图 4-23 所示。

(3) 非框架梁

非框架梁属性定义同框架梁,只需要在属性的"结构类别"中改为"非框架梁"即可。

4.3.3.2　梁的做法套用

梁构件属性定义好后,进行做法套用。打开"定义"界面,选择"构件做法",单击"添加清单"选项,添加梁混凝土清单项 010503002 和梁模板清单项 011702006。在梁混凝土清单项添加相应定额,在梁模板下添加定额。单击"项目特征",根据工程实际情况将项目特征补充完整。

框架梁 KL1 (9) 的做法套用如图 4-24 所示。屋面框架梁 WKL1 (5B) 和非框架梁 L1 (1) 的做法套用如图 4-25、图 4-26 所示。

4.3.3.3　梁绘制

梁在绘制时,一般遵循"先主梁,后次梁""先上后下"和"先左后右"的原则来绘制,以保证所有的梁都能够绘制完全。

（1）直线绘制

	属性名称	属性值	附加
1	名称	KL-1（9）	
2	结构类别	楼层框架梁	☐
3	跨数量	9	
4	截面宽度(mm)	250	☐
5	截面高度(mm)	500	☐
6	轴线距梁左边…	(125)	☐
7	箍筋	Φ8@100/200(2	☐
8	肢数	2	
9	上部通长筋	2Φ22	☐
10	下部通长筋		☐
11	侧面构造或受…		☐
12	拉筋		☐
13	定额类别	有梁板	☐
14	材质	商品混凝土	☐
15	混凝土类型	(半干硬性砼…	☐
16	混凝土强度等级	(C30)	☐
17	混凝土外加剂	(无)	
18	泵送类型	(混凝土泵)	
19	泵送高度(m)	4	
20	截面周长(m)	1.5	☐
21	截面面积(m²)	0.125	☐
22	起点顶标高(m)	层顶标高	☐
23	终点顶标高(m)	层顶标高	☐
24	备注		☐
25	⊟ 钢筋业务属性		
26	── 其它钢筋		
27	── 其它箍筋		☐
28	── 保护层厚…	(25)	☐
29	── 汇总信息	(梁)	☐
30	── 抗震等级	(二级抗震)	☐
31	── 锚固搭接	按默认锚固搭…	

图 4-22　框架梁属性

	属性名称	属性值	附加
1	名称	WKL-1（5B）	
2	结构类别	屋面框架梁	☐
3	跨数量	5B	
4	截面宽度(mm)	250	☐
5	截面高度(mm)	600	☐
6	轴线距梁左边…	(125)	☐
7	箍筋	Φ8@100/200(2	☐
8	肢数	2	
9	上部通长筋	2Φ18	☐
10	下部通长筋		☐
11	侧面构造或受…	G2Φ14	☐
12	拉筋	(Φ6)	☐
13	定额类别	有梁板	☐
14	材质	商品混凝土	☐
15	混凝土类型	(半干硬性砼…	☐
16	混凝土强度等级	(C30)	☐
17	混凝土外加剂	(无)	
18	泵送类型	(混凝土泵)	
19	泵送高度(m)	4	
20	截面周长(m)	1.7	☐
21	截面面积(m²)	0.15	☐
22	起点顶标高(m)	层顶标高	☐
23	终点顶标高(m)	层顶标高	☐
24	备注		☐
25	⊟ 钢筋业务属性		
26	── 其它钢筋		
27	── 其它箍筋		☐
28	── 保护层厚…	(25)	☐
29	── 汇总信息	(梁)	☐
30	── 抗震等级	(二级抗震)	☐
31	── 锚固搭接	按默认锚固搭…	

图 4-23　屋面框架梁属性

	编码	类别	名称	项目特征	单位	工程量表达式	表达式说明	单价	综合单价
1	⊟ 010503002001	项	现浇混凝土梁 矩形梁		m3	TJ	TJ<体积>		
2	5-18	定	现浇混凝土梁 矩形梁		m3	TJ	TJ<体积>	3888.3	
3	⊟ 011702006002	项	现浇混凝土模板 矩形梁 复合模板 钢支撑		m2	MBMJ	MBMJ<模板面积>		
4	17-185	定	现浇混凝土模板 矩形梁 复合模板 钢支撑		m2	MBMJ	MBMJ<模板面积>	5336.75	
5	⊟ 011702033002	项	现浇混凝土模板 梁支撑 支撑高度超过3.6m每超过1m 钢支撑		m2	CGMBMJ	CGMBMJ<超高模板面积>		
6	17-245	定	现浇混凝土模板 梁支撑 支撑高度超过3.6m每超过1m 钢支撑		m2	CGMBMJ	CGMBMJ<超高模板面积>	474.65	

图 4-24　KL1（9）的做法套用

对于直线形的梁，一般采用直线绘制方法绘制。在绘图界面单击"直线"命令，然后用鼠标左键依次单击梁起点 1 轴与 D 轴的交点和梁终点 4 轴与 D 轴的交点，如图 4-27 所示。

	编码	类别	名称	项目特征	单位	工程量表达式	表达式说明	单价	综合单价
1	010503002001	项	现浇混凝土梁 矩形梁		m3	TJ	TJ<体积>		
2	5-18	定	现浇混凝土梁 矩形梁		m3	TJ	TJ<体积>	3888.3	
3	011702006002	项	现浇混凝土模板 矩形梁 复合模板 钢支撑		m2	MBMJ	MBMJ<模板面积>		
4	17-185	定	现浇混凝土模板 矩形梁 复合模板 钢支撑		m2	MBMJ	MBMJ<模板面积>	5336.75	
5	011702033002	项	现浇混凝土模板 梁支撑 支撑高度超过3.6m每超过1m 钢支撑		m2	CGMBMJ	CGMBMJ<超高模板面积>		
6	17-245	定	现浇混凝土模板 梁支撑 支撑高度超过3.6m每超过1m 钢支撑		m2	CGMBMJ	CGMBMJ<超高模板面积>	474.65	

图 4-25　WKL1（5B）的做法套用

	编码	类别	名称	项目特征	单位	工程量表达式	表达式说明	单价	综合单价
1	010503002001	项	现浇混凝土梁 矩形梁		m3	TJ	TJ<体积>		
2	5-18	定	现浇混凝土梁 矩形梁		m3	TJ	TJ<体积>	3888.3	
3	011702006002	项	现浇混凝土模板 矩形梁 复合模板 钢支撑		m2	MBMJ	MBMJ<模板面积>		
4	17-185	定	现浇混凝土模板 矩形梁 复合模板 钢支撑		m2	MBMJ	MBMJ<模板面积>	5336.75	
5	011702033002	项	现浇混凝土模板 梁支撑 支撑高度超过3.6m每超过1m 钢支撑		m2	CGMBMJ	CGMBMJ<超高模板面积>		
6	17-245	定	现浇混凝土模板 梁支撑 支撑高度超过3.6m每超过1m 钢支撑		m2	CGMBMJ	CGMBMJ<超高模板面积>	474.65	

图 4-26　L1（1）的做法套用

图 4-27　直线绘制

（2）梁柱对齐

在绘制 B 轴线上 1～2 轴之间的 KL3（1）时，由于其中心线不在 B 轴上，但梁 KL3（1）与两端框架柱一侧平齐，因此，可采用"对齐"命令，将梁与柱进行对齐编辑。方法为：首先在 B 轴线上绘制梁 KL3（1），完成后，选择"建模"标签下"修改"面板中的"对齐"命令，如图 4-28 所示；根据提示，选择柱的下侧边线，再选择梁的下侧边线，使梁和柱的上侧边线对齐，如图 4-29 所示。

图 4-28　对齐命令

图 4-29　对齐绘制结果

（3）偏移绘制

对于像非框架梁 L8（2）这样梁两端不在轴线的交点或其他捕捉点上的梁来说，绘制时可采用偏移的方法绘制，即采用"Shift＋左键"的方法捕捉轴线交点以外的点来绘制。

L8（2）两个端点的偏移为：6 轴和 E 轴的交点偏移 $X=0$，$Y=-4800-100$；7 轴和 E 轴的交点偏移 $X=0$，$Y=-4800-100$。

将鼠标放在 6 轴和 D 轴的交点处，同时按下"Shift"键和鼠标左键，在弹出的"输出偏移量值"对话框中输入相应的数值，然后单击"确定"，这样就确定了梁的第一个点，同理确定梁的第二个点来绘制出 L8（2）。

（4）镜像绘制梁

1～4 轴之间 D 轴上的 KL1（9）与 7～11 轴之间 D 轴上的 KL1（9）是对称的，因此可采用"镜像"的方法绘制该部分梁。点选需要镜像的梁，单击鼠标右键选择"镜像"，依次单击对称点 1 和 2，在弹出的对话框中选择"否"即可。

4.3.3.4 梁的二次编辑

梁在绘制时，只是对梁的集中标注信息进行了输入，还需输入梁的原位标注的信息。由于梁是以柱和墙为基础制作的，因此，在提取梁跨和原位标注之前，需要绘制好所有的支座。若图中梁显示为粉色时，表示还未进行梁跨提取和原位标注的输入，也就不能正确地对梁钢筋进行计算。

对于有原位标注的梁，可通过输入原位标注来把梁的颜色变为绿色；对于没有原位标注的梁，可通过提取梁跨来把梁的颜色变为绿色，如图 4-30 所示。

图 4-30 原位标注命令

（1）原位标注

定义梁的时候，采用的梁集中标注，只包含梁的通长筋和箍筋，对于梁支座处钢筋及跨中架立筋等钢筋均未设置，该部分钢筋须在梁的原位标注中进行设置。梁的原位标注主要有支座钢筋、跨中筋、下部钢筋、架立筋和次梁加筋。另外，变截面也需要在原位标注中输入。例如，对于 KL1（9）的原位标注信息采用下述步骤进行输入：首先在"梁二次编辑"面板中选择"原位标注"；然后选择要原位输入标注的 KL1（9），绘图区显示原位标注的输入框，下方显示平法表格；对于应输入钢筋和截面信息，有如下两种方式：

① 一种方法是在绘图区域显示的原位标注输入框中输入，这种方法比较直观，如图 4-31 所示。在输入时：按照图纸标注中 KL1 的原位标注信息输入；"1 跨左支座筋"输入"3 ⨍ 22"，回车确定；跳到"1 跨中筋"，此处无原位标注信息，不用输入，直接按回车键跳到下一个输入框，或用鼠标选择输入的位置。跳到"1 跨右支座筋"输入框，输入"3 ⨍ 22"，回车；跳到"下部钢筋"，输入"2 ⨍ 20"。

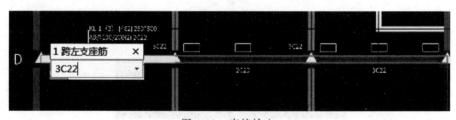

图 4-31 直接输入

② 另外一种方法是在"梁平法表格"中输入，如图 4-32 所示。

位置	名称	跨号	上通长筋	上部钢筋			下部钢筋		侧面钢筋			箍筋
				左支座钢筋	跨中钢筋	右支座钢筋	下通长筋	下部钢筋	侧面通长筋	侧面原位标注筋	拉筋	
<1,D; 4,D>	KL-1（3）	1	2Φ22	3Φ22		3Φ22		2Φ20				Φ8@100/2
		2				3Φ22		2Φ20				Φ8@100/2
		3						3Φ22				Φ8@100/2

（表格顶部工具栏：复制跨数据　粘贴跨数据　输入当前列数据　删除当前列数据　页面设置　调换起始跨　悬臂钢筋代号）

图 4-32　表格输入

（2）梁标注的快速复制

在结施-08 中，有很多同名的梁（例如 KL5、KL6、WKL2、WKL3、L1 等）在不同的位置存在，这时，不需要对每道同名的梁均进行原位标注，直接使用复制功能，即可快速对同名的梁进行原位标注。

1）梁跨数据的复制

工程中不同名称的梁，梁跨的原位标注信息相同，或者同一道梁不同跨的原位标注信息相同，通过该功能可将当前选中的梁跨数据复制到目标梁跨上。复制内容主要是钢筋信息。例如 KL2，在 2~3 轴和 3~4 轴的原位标注完全一样，这时就可使用梁跨数据复制功能，将 2~3 轴的原位标注复制到 3~4 轴上。具体方法为：

① 在"梁二次编辑"面板中选择"梁跨数据复制"，如图 4-33 所示。

② 在绘图区选择需要复制的梁跨，数据选中后显示为红色（如图 4-34 所示加框处），单击鼠标右键结束选择。

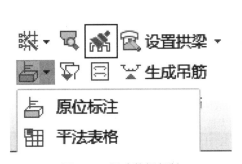

图 4-33　梁跨数据复制

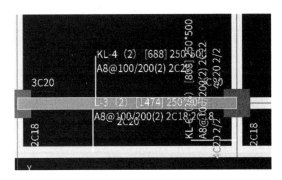

图 4-34　选择需要复制的梁跨

③ 在绘图区选择梁的目标跨，选中的梁跨显示为黄色（如图 4-35 所示加框处），单击鼠标右键完成。

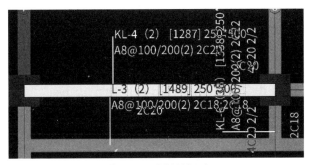

图 4-35　选择目标跨

2）同名梁数据复制

工程中有多个同名称的梁，并且原位标注信息完全一样，就可采用"应用到同名梁"功能来快速实现同名梁原位信息的输入。例如，结施-08 中有 4 个 L1 梁，只需对一个 L1 梁进行原位标注，其他 3 个 L1 梁运用"应用到同名梁"功能，实现快速标注，具体方法为：

① 在"梁二次编辑"面板中选择"应用到同名梁"，如图 4-36 所示。

② 选择应用方法，这里有 3 种方法可供选择，包括"同名称未提取跨梁""同名称已提取跨梁"和"所有同名称梁"，根据实际情况选择。

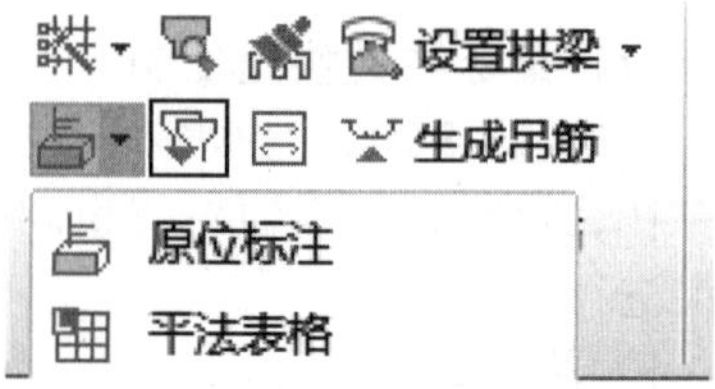

a."同名称未提取跨梁"：未识别的梁为浅红色，这种梁没有识别跨长和支座信息。（注意：未提取梁跨的梁，图元不能捕捉。）

b."同名称已提取跨梁"：已识别的梁为绿色，但原位标注信息未输入。

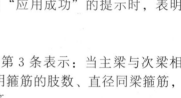

图 4-36　应用到同名梁

c."所有同名称梁"：不考虑梁是否已经被识别。

③ 用鼠标左键在绘图区选择梁，单击右键确定，当弹出"应用成功"的提示时，表明操作成功。

3）框架梁的吊筋和附加箍筋

"1 号办公楼"在"结构设计总说明"中的钢筋混凝土梁第 3 条表示：当主梁与次梁相交时，主梁应在相交位置次梁两侧各设 3 组附加箍筋，并且注明箍筋的肢数、直径同梁箍筋，箍筋间距为 50mm，因此需设置主梁的附加箍筋，同时增加吊筋。

① 在"梁二次编辑"面板中单击"生成吊筋"，如图 4-37 所示。

② 在弹出的"生成吊筋"对话框中，根据图纸输入附加箍筋和吊筋的钢筋信息，如图 4-38 所示。

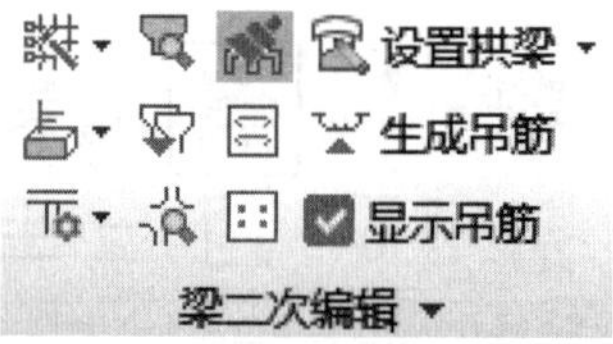

③ 设置完成后，单击"确定"，然后在图中选择要生成附加箍筋和吊筋的主梁和次梁，单击鼠标右键确定，完成吊筋的生成。

图 4-37　生成吊筋命令

（注意：必须在进行提取梁跨后才可使用此功能。运用此功能同样可以进行整楼生成。）

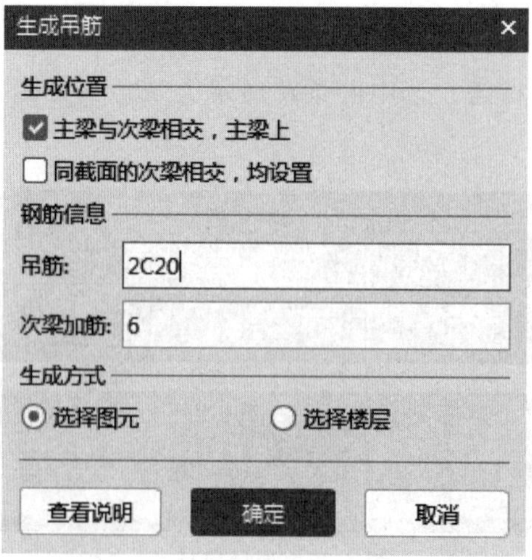

生成吊筋

生成位置

☑ 主梁与次梁相交，主梁上

☐ 同截面的次梁相交，均设置

钢筋信息

吊筋：　2C20

次梁加筋：　6

生成方式

● 选择图元　　　　○ 选择楼层

| 查看说明 | 确定 | 取消 |

图 4-38　吊筋输入

4.3.4　计算结果

(1) 钢筋工程量计算结果

选择"工程量"选项卡下的"汇总计算",选择计算的层进行钢筋量的计算,然后选择已经计算过的构件进行计算结果的查看。

① 选择"钢筋计算结果"面板下的"编辑钢筋",以 KL1 为例说明。钢筋按跨逐个显示,在图 4-39 所示的第一行计算结果中,"筋号"为对应到的具体钢筋;"图号"为系统对每一种钢筋形状的编号;通过"计算公式"和"公式描述"来进行查量和对量;"搭接"是指单根钢筋超过定尺长度后所需要的搭接长度和接头个数。

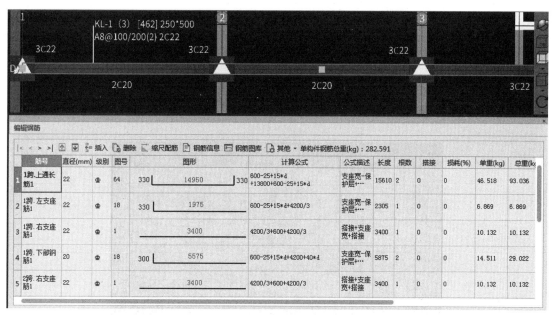

图 4-39　编辑钢筋

② 通过选择钢筋量菜单下的"查看钢筋量",或在工具条中选择"查看钢筋量"命令,框选或点选需要查看的梁。系统可以一次性显示多个梁的计算结果,如图 4-40 所示。

楼层名称	构件名称	钢筋总重量（kg）	HPB300			HRB400				
			6	8	合计	14	18	22	25	合计
首层	WKL-1 (5B) [1165]	535.776	5.432	102.872	108.304	52.756	258.472	100.844	15.4	42'
	合计:	535.776	5.432	102.872	108.304	52.756	258.472	100.844	15.4	42'

钢筋总重量（Kg）: 535.776

导出到Excel

查看钢筋量

图 4-40　查看钢筋量

首层所有梁的钢筋工程量统计可单击"查看报表",见表 4-14。

表 4-14　首层梁钢筋工程量

编码	项目名称	单位	工程量明细	
			绘图输入	表格输入
010503002001	现浇混凝土梁 矩形梁	10m³	5.93432	
5-18	现浇混凝土梁 矩形梁	10m³	5.93432	
011702006002	现浇混凝土模板 矩形梁 复合模板 钢支撑	100m²	5.022913	
17-185	现浇混凝土模板 矩形梁 复合模板 钢支撑	100m²	5.022913	
011702033002	现浇混凝土模板 梁支撑 支撑高度超过 3.6m 每超过 1m 钢支撑	100m²	0	
17-245	现浇混凝土模板 梁支撑 支撑高度超过 3.6m 每超过 1m 钢支撑	100m²	0	

（2）土建工程量计算结果

① 将所有梁按图纸要求进行定义。

② 用直线、对齐、偏移和镜像等方法将所有梁按图纸要求绘制。绘制完成后如图 4-41 所示。

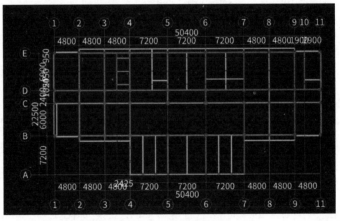

图 4-41　首层梁布置图

③ 汇总计算，首层梁清单、定额工程量见表 4-15。

表 4-15　首层梁清单、定额工程量

编码	项目名称	单位	工程量明细	
			绘图输入	表格输入
010503002001	现浇混凝土梁 矩形梁	10m³	5.93432	
5-18	现浇混凝土梁 矩形梁	10m³	5.93432	
011702006002	现浇混凝土模板 矩形梁 复合模板 钢支撑	100m²	5.022913	
17-185	现浇混凝土模板 矩形梁 复合模板 钢支撑	100m²	5.022913	
011702033002	现浇混凝土模板 梁支撑 支撑高度超过 3.6m 每超过 1m 钢支撑	100m²	0	
17-245	现浇混凝土模板 梁支撑 支撑高度超过 3.6m 每超过 1m 钢支撑	100m²	0	

4.4 首层板工程量计算

4.4.1 分析图纸

分析图纸结施-12，可得到本层各种板的信息，见表 4-16 所示。

表 4-16 首层板表

序号	类型	名称	混凝土强度	板厚/mm	板顶标高	备注
1	屋面板	WB1	C30	100	层顶标高	
2	普通楼板	LB2	C30	120	层顶标高	
		LB3	C30	120	层顶标高	
		LB4	C30	120	层顶标高	
		LB5	C30	120	层顶标高	
		LB6	C30	120	层顶标高，−0.050	
3	未注明板	LB1	C30	120	层顶标高	

各种板的配筋信息见结施-12。在软件中，完整的板构件是由现浇板和板内钢筋（受力筋、分布筋）组成的。因此，板构件的钢筋计算包括板定义中的钢筋和绘制的板内钢筋（受力筋、分布筋）。

4.4.2 现浇板清单、定额计算规则

（1）清单计算规则

板清单计算规则见表 4-17。

表 4-17 板清单计算规则

编码	项目名称	单位	计算规则
010505003	现浇混凝土板 平板	10m³	按设计图示尺寸以体积计算。有梁板应按梁、板分别计算工程量，执行相应的梁、板项目。 ① 板与梁连接时，板宽（长）算至梁侧面； ② 各类现浇板伸入砖墙内的板头并入板体积内计算，薄壳板的肋、基梁并入薄壳体积内计算； ③ 空心板按设计图示尺寸以体积（扣除空心部分）计算； ④ 叠合板按二次浇注部分体积计算
010505010	现浇混凝土板 斜板、坡屋面板		
011702006	现浇混凝土模板 平板	100m²	按模板与现浇混凝土构件的接触面积计算
011702007	现浇混凝土模板 斜板、坡屋面板		
011702033	现浇混凝土模板 板支撑（支撑高度超过 3.6m，每超过 1m 钢支撑）	100m²	支模高度超过 3.6m 部分，模板超高支撑费用，按超高部分模板面积套用相应定额乘以 1.2 的 n 次方（n 为超过 3.6m 后每超过 1m 的次数，若超过不足 1.0m，含去不计）

（2）定额计算规则

板的定额计算规则见表 4-18。

表 4-18　板定额计算规则

编码	项目名称	单位	计算规则
5-33	现浇混凝土板 平板	10m³	按设计图示尺寸以体积计算。有梁板应按梁、板分别计算工程量，执行相应的梁、板项目。 ① 板与梁连接时，板宽（长）算至梁侧面； ② 各类现浇板伸入砖墙内的板头并入板体积内计算，薄壳板的肋、基梁并入薄壳体积内计算； ③ 空心板按设计图示尺寸以体积（扣除空心部分）计算； ④ 叠合梁、叠合板按二次浇注部分体积计算
5-42	现浇混凝土板 斜板、坡屋面板		
17-209	现浇混凝土模板 平板	100m²	按模板与混凝土的接触面积以"m²"计算。梁与柱、梁余量连接重叠部分，以及伸入墙内的梁头接触部分，均不计算模板面积
17-211	现浇混凝土模板 斜板、坡屋面板		
17-247	现浇混凝土模板（板支撑高度超过 3.6m，每超过 1m 钢支撑）	100m²	支模高度超过 3.6m 部分，模板超高支撑费用，按超高部分模板面积套用相应定额乘以 1.2 的 n 次方（n 为超过 3.6m 后每超过 1m 的次数，若超过不足 1.0m，舍去不计）

4.4.3　板绘制

首层板工程量的计算

板绘制时首先需要对板进行属性的赋予和做法套用，属性的赋予采用以下方法进行。

4.4.3.1　板属性定义

（1）楼板属性定义

在导航树中单击"板"→"现浇板"，在"构件列表"中单击"新建"下的"新建现浇板"新建现浇板 LB2，根据 LB2 在结施-12 中的尺寸标注信息，在属性列表中输入相应的属性值，如图 4-42 所示。

（2）屋面板属性定义

屋面板属性定义与楼板属性定义完全相似，如图 4-43 所示。

属性列表			
	属性名称	属性值	附加
1	名称	LB-2	
2	厚度(mm)	(120)	☐
3	类别	有梁板	☐
4	是否是楼板	是	☐
5	混凝土类型	(半干硬性砼砾…	☐
6	混凝土强度等级	(C30)	☐
7	混凝土外加剂	(无)	
8	泵送类型	(混凝土泵)	
9	泵送高度(m)		
10	顶标高(m)	层顶标高	☐
11	备注		☐
12	⊞ 钢筋业务属性		
23	⊞ 土建业务属性		
28	⊞ 显示样式		

图 4-42　楼板属性

属性列表			
	属性名称	属性值	附加
1	名称	WB-1	
2	厚度(mm)	100	☐
3	类别	有梁板	☐
4	是否是楼板	是	☐
5	混凝土类型	(半干硬性砼砾…	☐
6	混凝土强度等级	(C30)	☐
7	混凝土外加剂	(无)	
8	泵送类型	(混凝土泵)	
9	泵送高度(m)		
10	顶标高(m)	层顶标高	☐
11	备注		☐
12	⊞ 钢筋业务属性		
23	⊞ 土建业务属性		
28	⊞ 显示样式		

图 4-43　屋面板属性

属性定义中的钢筋业务属性和土建业务属性分别见图 4-44、图 4—45 所示。

12	⊟ 钢筋业务属性		
13	其它钢筋		
14	保护层厚...	(15)	☐
15	汇总信息	(现浇板)	☐
16	马凳筋参...		
17	马凳筋信息		☐
18	线形马凳...	平行横向受力筋	☐
19	拉筋		☐
20	马凳筋数...	向上取整+1	☐
21	拉筋数量...	向上取整+1	☐
22	归类名称	(WB-1)	☐
23	⊞ 土建业务属性		

图 4-44 钢筋属性

23	⊟ 土建业务属性		
24	计算设置	按默认计算设置	
25	计算规则	按默认计算规则	
26	支模高度	按默认计算设置	☐
27	超高底面...	按默认计算设置	☐
28	⊞ 显示样式		

图 4-45 土建属性

4.4.3.2 做法套用

板构件属性定义好后，进行做法套用。打开“定义”界面，选择“构件做法”，单击“添加清单”选项，添加有梁板混凝土清单项 010505003001 和有梁板模板清单项 011702016002，011702033004。在有梁板混凝土下添加定额 5-33，在有梁板模板下添加定额 17-209、17-247。

有梁板 LB2 的做法套用如图 4-46 所示。

	编码	类别	名称	项目特征	单位	工程量表达式	表达式说明	单价	综合单价
1	⊟ 010505003001	项	现浇混凝土板 平板		m3	TJ	TJ<体积>		
2	5-33	定	现浇混凝土板 平板		m3	TJ	TJ<体积>	3909.11	
3	⊟ 011702016002	项	现浇混凝土模板 平板 复合模板 钢支撑		m2	MBMJ	MBMJ<底面模板面积>		
4	17-209	定	现浇混凝土模板 平板 复合模板 钢支撑		m2	MBMJ	MBMJ<底面模板面积>	5240.25	
5	⊟ 011702033004	项	现浇混凝土模板 板支撑 支撑高度超过3.6m每超过1m 钢支撑		m2	CGMBMJ	CGMBMJ<超高模板面积>		
6	17-247	定	现浇混凝土模板 板支撑 支撑高度超过3.6m每超过1m 钢支撑		m2	CGMBMJ	CGMBMJ<超高模板面积>	476.64	

图 4-46 有梁板 LB2 的做法套用

4.4.3.3 绘制板

(1) 点绘制板

以 WB1 为例，定义好该板属性后，单击“点”命令，在 WB1 区域单击鼠标左键，即可布置 WB1 板，如图 4-47 所示。

(2) 直线绘制板

以 LB3 为例，定义好该板属性后，单击“直线”命令，鼠标左键单击 LB3 边界区域的交点，围成一个封闭区域，布置好 LB3 板，如图 4-48 所示。

(3) 矩形绘制板

对于图中没有围成封闭区域的位置，可采用“矩形”方法绘制板，该方法是通过点击矩形板的对角点来绘制矩形板的。

(4) 自动生成板

当板下的梁、墙均绘制完毕后，并且图中板类型较少时，可采用这种方法生成板，软件会

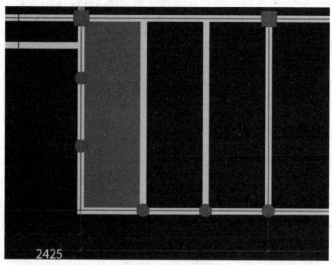

图 4-47 点绘制板

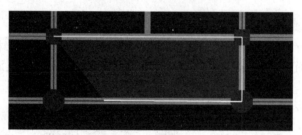

图 4-48 直线绘制板

自动根据图中的梁和墙围成的封闭区域来生成整层板。生成板后，需要进行检查，与图纸不符的地方需要修改过来，特别是对图纸中没有板的地方需要进行板的删除。

4.4.4 板受力筋的属性定义和绘制

4.4.4.1 板受力筋属性定义

在导航树中单击"板"→"板受力筋"，在"构件列表"中单击"新建"下的"新建板受力筋"，以 B～C 轴、3～4 轴上的板受力筋 SLJ-10@200 为例，新建板受力筋 SLJ-10@200。根据 SLJ-10@200 在图纸中的布置信息，在属性编辑框中输入相应的属性值，如图 4-49 所示。

4.4.4.2 板受力筋绘制

在导航树中单击"板受力筋"，单击"建模"，在"板受力筋二次编辑"中单击"布置受力筋"，下方出现绘制受力筋时的辅助命令，左侧命令为布置的范围，中间命令为布置的方向，右侧命令为放射筋的布置，如图 4-50 所示。

下面以 C～D 轴、2～3 轴上的板 LB3 为例，描述受力

	属性名称	属性值	附加
1	名称	SLJ-10@200	
2	类别	底筋	☐
3	钢筋信息	Φ10@200	☐
4	左弯折(mm)	(0)	☐
5	右弯折(mm)	(0)	☐
6	备注		☐
7	⊟ 钢筋业务属性		
8	钢筋锚固	(35)	
9	钢筋搭接	(49)	
10	归类名称	(SLJ-10@200)	☐
11	汇总信息	(板受力筋)	☐
12	计算设置	按默认计算设…	
13	节点设置	按默认节点设…	
14	搭接设置	按默认搭接设…	
15	长度调整(…		☐

图 4-49 板受力筋属性

图 4-50　布置板受力筋对话框

筋的布置。

(1) 选择布置范围为"单板"，布置方向为
"XY 方向"，选择 LB3，弹出"智能布置"对话框，
如图 4-51 所示。

对话框中各选项的含义如下：

① 双向布置：当板在 X、Y 两个方向上布置的
钢筋信息相同时。

② 双网双向布置：当板的底部钢筋和顶层钢筋
在 X、Y 两个方向上布置的钢筋信息相同时。

③ XY 向布置：当板的底部钢筋和顶层钢筋在
X、Y 两个方向上布置的钢筋信息不相同时。

④ 选择参照轴网：选择以哪个轴网的水平和竖
直方向为基准进行布置，不勾选时，以绘图区域水
平方向为 X 方向，竖直方向为 Y 方向。

图 4-51　LB3 板智能布置受力筋对话框

(2) LB3 板受力筋只有底部钢筋，并且在两个
方向上布置的信息是相同的，因此选择"双向布
置"，在"钢筋信息"部分中输入底筋，如图 4-52 所示。

对于 D~E 轴、1~2 轴上的板 LB4，由于该板也只有底筋，但在 X、Y 两个方向上布置的
信息不相同，因此选用"XY 向布置"，如图 4-53 所示。

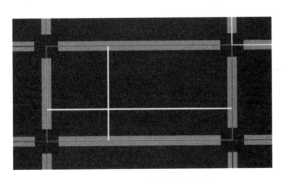

图 4-52　LB3 板受力筋布置

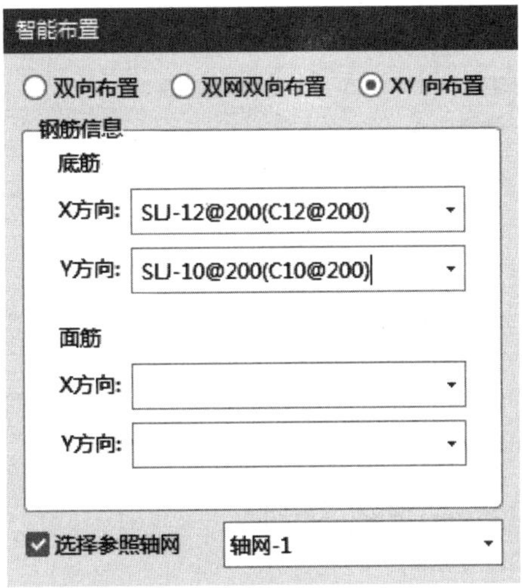

图 4-53　LB4 板受力筋布置对话框

D～E 轴、1～2 轴上的板 LB4 的受力筋布置结果如图 4-54 所示。

（3）应用同名板

① 上述 LB3 的钢筋信息不仅在 C～D 轴、2～3 轴上的板体现，还在其他位置的板上体现，可以使用"应用同名称板"来布置其他同名称板的钢筋。

单击"建模"，选择"板受力筋二次编辑"→"应用同名板"，如图 4-55 所示。

② 选择已布置好钢筋的 C～D 轴、2～3 轴上的 LB3 板，单击鼠标右键确定，则其他同名称的板都布置上了相同的钢筋信息。对于钢筋信息有变化的 LB3 板，将其对应信息进行修改即可。

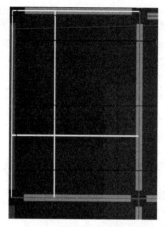

图 4-54　LB4 板受力筋布置结果图

图 4-55　应用同名板

4.4.4.3　跨板受力筋的定义和绘制

（1）跨板受力筋的属性定义

在导航树中单击"受力筋"，在受力筋的"构件列表"中单击"新建"→"新建跨板受力筋"，弹出新建跨板受力筋对话框，如图 4-56 所示。

	属性名称	属性值	附加
1	名称	KBSLJ-12@150	
2	类别	面筋	☐
3	钢筋信息	Φ12@200	☐
4	左标注(mm)	1200	☐
5	右标注(mm)	1200	☐
6	马凳筋排数	1/1	☐
7	标注长度位置	(支座外边线)	☐
8	左弯折(mm)	(0)	☐
9	右弯折(mm)	(0)	☐
10	分布钢筋	(同一板厚的分布筋相同)	☐
11	备注		☐
12	⊞ 钢筋业务属性		
21	⊞ 显示样式		

图 4-56　跨板受力筋的属性

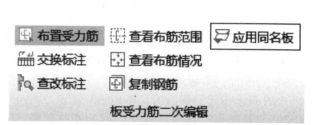

7	标注长度位置	(支座外边线) ▲
8	左弯折(mm)	支座内边线
9	右弯折(mm)	支座轴线
10	分布钢筋	支座中心线
11	备注	支座外边线
12	⊞ 钢筋业务属性	
21	⊞ 显示样式	

图 4-57　标注长度位置选择

对话框中各选项的含义如下：

① 左标注和右标注：钢筋左右两边伸出支座的长度，根据图纸中的标注输入。

② 马凳筋排数：根据实际情况输入。

③ 标注长度位置：可选择支座中心线、支座内边线和支座外边线，如图 4-57 所示，本工程选择"支座外边线"。

④ 分布钢筋：结施-01 中说明，板厚≤110mm 时，分布钢筋的直径、间距为 φ6@200；板厚在 120～160mm 时，分布钢筋的直径、间距为 φ8@200，因此，此处输入 φ8@200。

（2）跨板受力筋的绘制

该位置处的跨板受力筋，采用"单板"和"垂直"布置的方式绘制。单击 C～D 轴、2～3 轴的楼板，即可布置垂直方向的跨板受力筋，其他位置的跨板受力筋采用同样方式布置。

跨板受力筋绘制后，需检查其布置范围是否与图纸相符，如若不符，则需移动其编辑点到正确的位置，如图 4-58 所示。

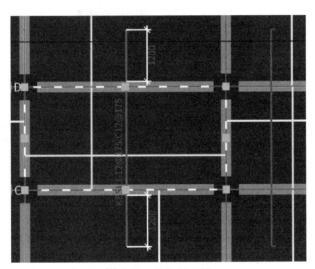

图 4-58 跨板受力筋

（3）负筋的定义和绘制

1）负筋的属性定义

在导航树中单击"板"→"板负筋"，在"构件列表"中单击"新建"→"新建板负筋"。弹出新建负筋对话框，在"属性列表"中定义板负筋的属性，5 号负筋的属性定义如图 4-59 所示。

左标注和右标注：5 号负筋只有一侧标注，左标注输入"0"，右标注输入"1200"。

单边标注位置：根据图中实际情况选择，5 号负筋为"支座内边线"。

2 轴上的 4 号负筋 Φ14@175 的属性定义，如图 4-60 所示。

2）负筋的绘制

在绘图区域，对 C～D 轴、1～2 轴的 LB4 进行负筋布置。

① 对于左侧 5 号负筋，单击"板负筋二次编辑"→"布置负筋"，选项栏下方出现辅助绘制命令，可根据实际布筋情况选择绘制方式，此处选择"画线布置"，如图 4-61 所示，以画线的方式确定板负筋布置。范围的起点与终点，鼠标左键确定负筋左标注方向，即可布置成功。

属性列表			
	属性名称	属性值	附加
1	名称	FJ-8@200	
2	钢筋信息	Φ8@200	☐
3	左标注(mm)	0	☐
4	右标注(mm)	1200	☐
5	马凳筋排数	1/1	☐
6	单边标注位置	(支座内边线)	☐
7	左弯折(mm)	(0)	☐
8	右弯折(mm)	(0)	☐
9	分布钢筋	Φ8@200	☑
10	备注		☐
11	⊞ 钢筋业务属性		
19	⊞ 显示样式		

图 4-59　5 号负筋属性定义

属性列表			
	属性名称	属性值	附加
1	名称	FJ-14@175-左右	
2	钢筋信息	Φ14@175	☐
3	左标注(mm)	1200	☐
4	右标注(mm)	1200	☐
5	马凳筋排数	1/1	☐
6	非单边标注含...	(否)	☐
7	左弯折(mm)	(0)	☐
8	右弯折(mm)	(0)	☐
9	分布钢筋	(同一板厚的分布筋相同)	☐
10	备注		☐
11	⊞ 钢筋业务属性		
19	⊞ 显示样式		

图 4-60　4 号负筋属性定义

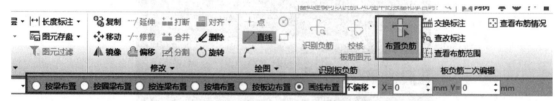

图 4-61　布置负筋方式

② 对于 2 轴线上的 4 号负筋,选择"按梁布置",选择梁段,鼠标移到梁上,则梁显示一道蓝线,同时显示出负筋的预览图,确定方向,即可布置成功。

4.4.5　任务结果

(1) 板构件任务结果

① 根据上述普通楼板、屋面板的属性定义,将本层剩余楼板属性定义好。

② 用点、直线、矩形等方法将首层板绘制好,绘制完成后如图 4-62 所示。

③ 汇总计算,统计首层板清单、定额工程量,见表 4-19 所示。

表 4-19　首层板清单、定额工程量

编码	项目名称	单位	工程量明细	
			绘图输入	表格输入
010505003001	现浇混凝土板 平板	10m³	8.13109	
5-33	现浇混凝土板 平板	10m³	8.13109	
011702016002	现浇混凝土模板 平板 复合模板 钢支撑	100m²	7.001004	
17-209	现浇混凝土模板 平板 复合模板 钢支撑	100m²	7.001004	

编码	项目名称	单位	工程量明细	
			绘图输入	表格输入
011702033004	现浇混凝土模板 板支撑 支撑高度超过 3.6m 每超过 1m 钢支撑	100m²	6.942698	
17-247	现浇混凝土模板 板支撑 支撑高度超过 3.6m 每超过 1m 钢支撑	100m²	1.25457	

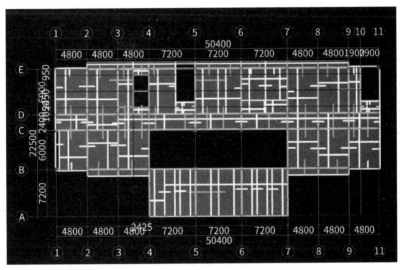

图 4-62　首层板布置

（2）首层板钢筋量结果

首层板钢筋量汇总表见表 4-20（见"报表预览""构件汇总信息分类统计表"）。

表 4-20　首层板钢筋工程量

汇总信息	HPB300/t			HRB400/t				
	6	8	合计	8	10	12	14	合计
板负筋	0.07	0.257	0.327	0.427	0.289	0.196	0.465	1.377
板受力筋		0.593	0.593	0.965	2.974	2.737	0.959	7.635
合计/t	0.07	0.85	0.92	1.392	3.263	2.933	1.424	9.012

4.5　首层砌体结构工程量计算

首层砌体结构
工程量计算

4.5.1　分析图纸

分析图纸建施-0、建施-03、建施-10、建施-11、建施-12 和结施-08，可得到本层砌体墙的信息，见表 4-21 所示。

表 4-21   首层砌体墙表

序号	类型	砌筑砂浆	材质	墙厚/mm	标高	备注
1	砌块外墙	M5 混合砂浆	陶粒空心砖	250	−0.1～3.8	梁下墙
2	砌块内墙	M5 混合砂浆	陶粒空心砖	200	−0.1～3.8	梁下墙

4.5.2　砌块墙清单、定额计算规则

(1) 清单计算规则

砌块墙清单计算规则见表 4-22。

表 4-22   砌块墙清单计算规则

编码	项目名称	单位	计算规则
010402001	轻集料混凝土小型空心砌块墙墙厚 240mm	10m³	按设计图示尺寸以体积计算。 ① 应扣除门窗洞口、嵌入墙内的钢筋混凝土柱、梁、圈梁等所占体积； ② 外墙按中心线，内墙按净长计算墙长度
010402002	轻集料混凝土小型空心砌块墙墙厚 200mm	10m³	按设计图示尺寸以体积计算。 ① 应扣除门窗洞口、嵌入墙内的钢筋混凝土柱、梁、圈梁等所占体积； ② 外墙按中心线，内墙按净长计算墙长度

(2) 定额计算规则

砌块墙的定额计算规则见表 4-23。

表 4-23   砌块墙定额计算规则

编码	项目名称	单位	计算规则
4-71	轻集料混凝土小型空心砌块墙墙厚 240mm	10m³	按设计图示尺寸以体积计算。 ① 应扣除门窗洞口、嵌入墙内的钢筋混凝土柱、梁、圈梁等所占体积； ② 外墙按中心线，内墙按净长计算墙长度
4-72	轻集料混凝土小型空心砌块墙墙厚 200mm	10m³	按设计图示尺寸以体积计算。 ① 应扣除门窗洞口、嵌入墙内的钢筋混凝土柱、梁、圈梁等所占体积； ② 外墙按中心线，内墙按净长计算墙长度

4.5.3　砌块墙绘制

砌块墙绘制时首先需要对砌块墙进行属性的赋予和做法套用，属性的赋予采用以下方法进行。

(1) 砌块墙属性定义

新建砌块墙的方法参见新建剪力墙的方法。建墙时需要注意以下事项：

内/外墙标志：外墙和内墙要区别定义，除了对自身工程量有影响外，还影响其他构件的智能布置。这里可以根据工程实际需要对标高进行定义，如图 4-63 和图 4-64 所示。本工程是

按照软件默认的高度进行设置的，软件会根据定额的计算规则对砌块墙和混凝土相交的地方进行自动处理。

属性列表		
属性名称	属性值	附加
1 名称	QTQ-1	☐
2 厚度(mm)	250	☐
3 轴线距左墙皮...	(125)	☐
4 砌体通长筋	2中6@600	☐
5 横向短筋	中6@250	☐
6 材质	空心砖	☐
7 砂浆类型	(混合砂浆)	☐
8 砂浆标号	(M5)	☐
9 内/外墙标志	(外墙)	☑
10 类别	普通墙	☐
11 起点顶标高(m)	层顶标高	☐
12 终点顶标高(m)	层顶标高	☐
13 起点底标高(m)	层底标高	☐
14 终点底标高(m)	层底标高	☐
15 备注		☐
16 ⊞ 钢筋业务属性		
22 ⊞ 土建业务属性		
26 ⊞ 显示样式		

图 4-63　QTQ-1 属性

属性列表		
属性名称	属性值	附加
1 名称	QTQ-2	☐
2 厚度(mm)	200	☐
3 轴线距左墙皮...	(100)	☐
4 砌体通长筋	2中6@600	☐
5 横向短筋	中6@250	☐
6 材质	空心砖 ▼	☐
7 砂浆类型	(混合砂浆)	☐
8 砂浆标号	(M5)	☐
9 内/外墙标志	(内墙)	☑
10 类别	普通墙	☐
11 起点顶标高(m)	层顶标高	☐
12 终点顶标高(m)	层顶标高	☐
13 起点底标高(m)	层底标高	☐
14 终点底标高(m)	层底标高	☐
15 备注		☐
16 ⊞ 钢筋业务属性		
22 ⊞ 土建业务属性		
26 ⊞ 显示样式		

图 4-64　QTQ-2 属性

（2）做法套用

砌块墙属性定义好后，进行做法套用。做法套用如图 4-65 所示。

	编码	类别	名称	项目特征	单位	工程量表达式	表达式说明	单价	综合单价
1	⊟ 010402001001	项	轻集料混凝土小型空心砌块墙 墙厚240mm		m3	TJ3.6X	TJ3.6X<体积（高度3.6米以下）>		
2	4-71	定	轻集料混凝土小型空心砌块墙 墙厚240mm		m3	TJ3.6X	TJ3.6X<体积（高度3.6米以下）>	4206.35	
3	⊟ 010402001001	项	轻集料混凝土小型空心砌块墙 墙厚240mm		m3	TJ3.6S	TJ3.6S<体积（高度3.6米以上）>		
4	4-71	定	轻集料混凝土小型空心砌块墙 墙厚240mm		m3	TJ3.6S	TJ3.6S<体积（高度3.6米以上）>	4206.35	

图 4-65　砌块墙做法套用

（3）绘制砌块墙

① 直线。参照构件的直线画法操作。

② 点加长度。建施-03 中，在 3 轴与 C 轴相交点到 3 轴与 B 轴相交点的墙体，向下延伸了 1025mm（中心线距离），墙体总长为 6000mm＋1025mm，单击"直线"，选择"点加长度"，在图 4-66 中的"反向长度"位置输入"1025"，然后单击 3 轴与 B 轴相交点，再向上绘制到 3 轴与 C 轴相交点单击一下，即可实现该段墙体延伸部分的绘制，如图 4-66 所示。

按照上述方法，将其他位置的砌体墙绘制完毕。

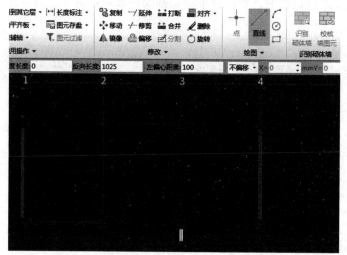

图 4-66 点加长度绘制砌块墙

4.5.4 汇总结果

汇总计算，统计首层砌体墙清单、定额工程量，见表 4-24（说明：砌体墙的工程量统计需在门窗洞口、圈梁、过梁和构造柱绘制完毕后进行）。

表 4-24 首层砌体墙清单、定额工程量

编码	项目名称	单位	工程量明细	
			绘图输入	表格输入
010402001001	轻集料混凝土小型空心砌块墙 墙厚 240mm	10m³	3.22044	
4-71	轻集料混凝土小型空心砌块墙 墙厚 240mm	10m³	3.22044	
010402001002	轻集料混凝土小型空心砌块墙 墙厚 200mm	10m³	8.46611	
4-72	轻集料混凝土小型空心砌块墙 墙厚 200mm	10m³	8.46611	

4.5.5 知识拓展

砌体加筋的定义和绘制要在完成门窗洞口、圈梁、构造柱等后进行操作。

（1）分析图纸

分析结施-02，可见"9. 填充墙"中"（3）填充墙与柱、抗震墙及构造柱连接处应设拉结筋 2Φ6，间距 500，沿墙通长布置"，和"（9）填充墙砌体加筋通长布置 2Φ6@500，拉筋Φ6@250，起步距离为 300mm"。

（2）砌体加筋的定义

① 在导航树中，选择"墙"→"砌体加筋"，在"构件列表"中单击"新建"→"新建砌体筋"。

② 根据砌体加筋的所在位置选择参数图形，软件中有 L 形、T 形、十字形和一字形供选择。例如对于 6 轴和 D 轴相交处的 T 形砌体墙位置的加筋，选择 T 形的砌体加筋定义和绘制。

a. 选择参数化图形：选择"参数化截面类型"为"T 形"，然后选择"T－1 形"。选择哪种类型主要看钢筋的形式，选择的砌体加筋图的钢筋形式要与施工图完全一致。

b. 参数输入：Ls1 和 Ls2 为两个方向的加筋深入砌体墙内的钢筋长度，此处输入"1000"；b1 为竖向砌体墙厚度，此处输入"200"；b2 为横向砌体墙厚度，此处输入"200"，如图 4-67 所示。单击"确定"，返回属性输入界面。

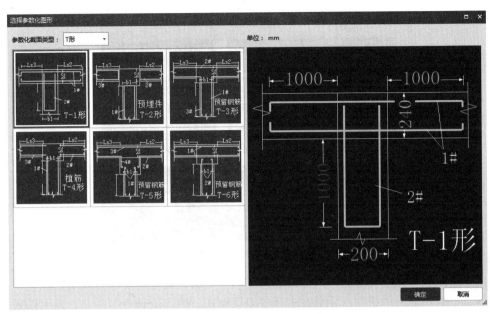

图 4-67　选择参数图形对话框

c. 根据需要输入名称，按照总说明，每侧钢筋信息为 2φ6@500，1♯加筋，2♯加筋输入"2φ6@500"，如图 4-68 所示。

	属性名称	属性值	附加
1	名称	LJ-1	
2	砌体加筋形式	T-1形	☐
3	1#加筋	2Φ6@500	☐
4	2#加筋	2Φ6@500	☐
5	其它加筋		
6	备注		☐
7	⊞ 钢筋业务属性		
11	⊞ 显示样式		

图 4-68　加筋属性

砌体加筋的钢筋信息设置完毕后，构件定义完成。按照同样的方法可定义其他位置的砌体加筋。

(3) 砌体加筋的绘制

在绘图区域中，在 6 轴和 D 轴相交处绘制砌体加筋，单击"点"，选择"旋转点"，单击所在位置，再通过垂直向下的点确定方向，绘制完毕，如图 4-69 所示。

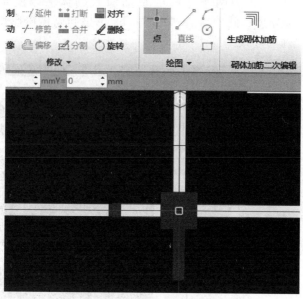

图 4-69　砌体加筋绘制

当所绘制的砌体加筋与墙体不对齐时，可采用"对齐"命令将其对应到所在位置。

其他位置的加筋，可根据实际情况选择"点"画法，或"旋转点"画法，也可以采用"砌体加筋二次编辑"中的"生成砌体加筋"绘制。综上所述，砌体加筋的定义和绘制流程为："新建"→"选择参数图"→"输入截面参数"→"输入钢筋信息"→"计算设置"→"绘制"。

4.6　门窗、洞口、壁龛及附属构件工程量计算

4.6.1　门窗、洞口、壁龛工程量计算

4.6.1.1　分析图纸

分析图纸建施-01、建施-03、建施-10 和建施-12，可以得到门窗的信息，见表 4-25。

门窗洞口
工程量计算

表 4-25　首层门窗信息

序号	名称	数量/个	宽/mm	高/mm	离地高度/mm	备注
1	M1	10	1000	2100	0	木质夹板门
2	M2	1	1500	2100	0	木质夹板门
3	LM1	1	2100	3000	0	铝塑平开门
4	TLM1	1	3000	2100	0	玻璃推拉门
5	YFM1	2	1200	2100	0	钢制乙级防火门
6	JXM1	1	550	2000	0	木质丙级防火检修门
7	JXM2	1	1200	2000	0	木质丙级防火检修门
8	LC1	10	900	2700	700	铝塑上悬窗

序号	名称	数量/个	宽/mm	高/mm	离地高度/mm	备注
9	LC2	16	1200	2700	700	铝塑上悬窗
10	LC3	2	1500	2700	700	铝塑上悬窗
11	MQ1	1	21000	3900	0	铝塑上悬窗
12	MQ2	4	4975	16500	0	铝塑上悬窗
13	消火栓箱	2	750	1650	150	

4.6.1.2　门窗清单、定额计算规则

（1）清单计算规则

门窗清单计算规则见表 4-26。

表 4-26　门窗清单计算规则

编码	项目名称	单位	计算规则
010801007	成品套装木门安装	10 樘	
010801004	木质防火门安装		
010802001	塑钢门（平开）	100m²	
010802003	钢制防火门	100m²	① 按设计图示数量计算；
010805005	全玻自由门（带扇框）	100m²	② 以 m² 计量,按设计图示洞口尺寸以面积计算
010807001	金属（塑钢、断桥）窗	100m²	
010807004	塑钢纱窗扇安装 推拉	100m²	

（2）门窗定额计算规则

门窗的定额计算规则见表 4-27。

表 4-27　门窗定额计算规则

编码	项目名称	单位	计算规则
8-4	成品套装木门安装 单扇门	10 樘	
8-1	木质防火门安装		
8-10	塑钢成品门安装（平开）	100m²	
8-13	安装钢制防火门	100m²	① 按设计图示数量计算；
8-62	全玻自由门（带扇框）	100m²	② 以 m² 计量,按设计图示洞口尺寸以面积计算
8-73	塑钢成品窗安装 内开下悬	100m²	
8-79	塑钢纱窗扇安装 推拉	100m²	

4.6.1.3　门窗属性定义

门窗绘制时首先需要对门窗进行属性的赋予和做法套用，属性的赋予采用以下方法进行。

（1）门的属性定义

在导航树中单击"门窗洞"中的"门"。在"构件列表"中单击"新建"→"新建矩形门"，在属性列表对话框中输入相应的属性值。如图 4-70 所示。

① 洞口宽度、高度：根据洞口实际尺寸输入。

② 框厚：输入门框厚度的实际尺寸，对墙面块料面积的计算有影响，本工程输入"0"。

③ 立樘距离：门框中心线与墙中心之间的距离，默认为"0"。如果门框中心线在墙中心线左边，该值为负，否则为正。

④ 框左右扣尺寸、框上下扣尺寸：如果计算规则要求门窗按框外围面积计算，输入框扣尺寸。

属性列表			
	属性名称	属性值	附加
1	名称	M1	
2	洞口宽度(mm)	1000	☐
3	洞口高度(mm)	2100	☐
4	离地高度(mm)	0	☐
5	框厚(mm)	0	☐
6	立樘距离(mm)	0	☐
7	洞口面积(m²)	2.1	☐
8	是否随墙变斜	否	☐
9	备注		☐
10	⊞ 钢筋业务属性		
15	⊞ 土建业务属性		
17	⊞ 显示样式		

图 4-70　门属性

属性列表			
	属性名称	属性值	附加
1	名称	LC-3	
2	类别	普通窗	☐
3	顶标高(m)	层底标高+3.4	☐
4	洞口宽度(mm)	1500	☐
5	洞口高度(mm)	2700	☐
6	离地高度(mm)	700	☐
7	框厚(mm)	60	☐
8	立樘距离(mm)	0	☐
9	洞口面积(m²)	4.05	☐
10	是否随墙变斜	是	☐
11	备注		☐
12	⊞ 钢筋业务属性		
17	⊞ 土建业务属性		
19	⊞ 显示样式		

图 4-71　窗属性

(2) 窗的属性定义

在导航树中单击"门窗洞"→"窗"，单击"定义"按钮，进入窗的定义界面，在"构件列表"中单击"新建"→"新建矩形窗"，在属性列表对话框中输入相应的属性值。如图 4-71 所示。

注意：窗离地高度＝100＋600＝700mm（相对结构标高－0.100m 而言）。

(3) 带形窗的属性定义

在模块导航树中单击"门窗洞"→"带形窗"，单击"定义"按钮，进入带形窗的定义界面，在"构件列表"中单击"新建"→"新建带形窗"，在属性列表对话框中输入相应的属性值。如图 4-72 所示。带形窗不必依附墙体存在。本工程中 MQ2 不进行绘制。

(4) 电梯洞口属性定义

在模块导航树中单击"门窗洞"→"墙洞口"，单击"定义"按钮，进入电梯洞口的定义界面，在"构件列表"中单击"新建"下的"新建矩形墙洞"，在属性列表对话框中输入相应的属性值。如图 4-73 所示。

(5) 壁龛（消火栓箱）属性定义

在模块导航树中单击"门窗洞"→"壁龛"，单击"定义"按钮，进入壁龛的定义界面，在"构件列表"中单击"新建"→"矩形"，在属性列表对话框中输入相应的属性值。如图 4-74 所示。

属性列表

	属性名称	属性值	附加
1	名称	MQ-1	
2	框厚(mm)	0	☐
3	轴线距左边线...	(0)	☐
4	是否随墙变斜	是	☐
5	起点顶标高(m)	层顶标高	☐
6	终点顶标高(m)	层顶标高	☐
7	起点底标高(m)	层底标高	☐
8	终点底标高(m)	层底标高	☐
9	备注		☐
10	⊞ 钢筋业务属性		
13	⊞ 土建业务属性		
15	⊞ 显示样式		

图 4-72 带形窗属性

属性列表

	属性名称	属性值	附加
1	名称	D-1	
2	洞口宽度(mm)	1200	☐
3	洞口高度(mm)	2700	☐
4	离地高度(mm)	0	☐
5	洞口每侧加强筋		☐
6	斜加筋		☐
7	加强暗梁高度(...		☐
8	加强暗梁纵筋		☐
9	加强暗梁箍筋		☐
10	洞口面积(m²)	3.24	☐
11	是否随墙变斜	是	☐
12	备注		☐
13	⊞ 钢筋业务属性		
16	⊞ 土建业务属性		
18	⊞ 显示样式		

图 4-73 电梯洞口属性

	属性名称	属性值	附加
1	名称	BK-1	
2	洞口宽度(mm)	750	☐
3	洞口高度(mm)	1650	☐
4	洞口深度(mm)	100	☐
5	离地高度(mm)	250	☐
6	洞口每侧加强筋		☐
7	斜加筋		☐
8	备注		☐
9	⊞ 钢筋业务属性		
12	⊞ 土建业务属性		
14	⊞ 显示样式		

图 4-74 壁龛属性

4.6.1.4 做法套用

(1) 门的做法套用

门的做法套用如图 4-75 所示。

(2) 窗的做法套用

窗的做法套用如图 4-76 所示。

构件做法

	编码	类别	名称	项目特征	单位	工程量表达式	表达式说明	单价	综合单价
1	⊟ 010801007001	项	成品木门扇安装		m2	KWWMJ	KWWMJ<框外围面积>		
2	8-4	定	成品套装木门安装 单扇门		樘	SL	SL<数量>	2294.05	

图 4-75 门做法套用

构件做法

	编码	类别	名称	项目特征	单位	工程量表达式	表达式说明	单价	综合单价
1	⊟ 01080T00100T	项	塑钢成品窗安装 内平开下悬		m2	KWWMJ	KWWMJ<框外围面积>		
2	8-73	定	塑钢成品窗安装 内平开下悬		m2	KWWMJ	KWWMJ<框外围面积>	11244.48	
3	⊟ 010807004004	项	塑钢窗纱扇安装 推拉		m2	KWWMJ	KWWMJ<框外围面积>		
4	8-79	定	塑钢窗纱扇安装 推拉		m2	KWWMJ	KWWMJ<框外围面积>	1055.11	

图 4-76 窗做法套用

4.6.1.5 门窗绘制

(1) 门窗绘制方法

门窗洞构件属于墙的附属构件，也就是说门窗洞构件必须绘制在墙上。软件中门窗的绘制一般采用下述的方法。

① 点画法。门窗最常用的是"点"绘制，对于计算来说，一段墙扣除门窗洞口面积，只要门窗绘制在墙上即可。一般对位置要求不用很精确，所以直接采用点绘制即可。在点绘制时，软件默认开启动态输入的数值框，可以直接输入一边距墙端头的距离，或通过"Tab"键切换输入框。

② 精确布置。当门窗紧邻柱等构件布置时，考虑其上的过梁与旁边柱、墙的扣减关系，需要对这些门窗精确定位，这时，门窗绘制时采用"精确布置"方法绘制。如一层平面图中的M1 都是贴着柱布置的。

(2) 绘制门

① 智能布置：墙段中点，如图 4-77 所示的 TML1。

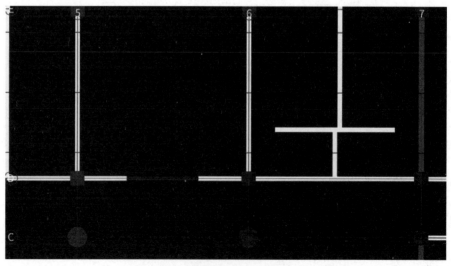

图 4-77 智能布置门

② 精确布置：鼠标左键选择参考点，在输入框中输入偏移值 "750"，如图 4-78 所示。

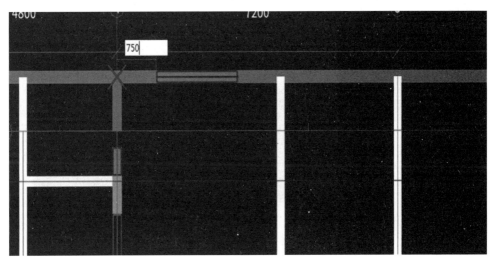

图 4-78　精确布置门

③ 点绘制："Tab" 键切换左右输入框，如图 4-79 所示。

（3）绘制窗

① 智能布置：墙段中点，如图 4-80 所示的 LC3。

② 精确布置：鼠标左键单击 1 轴和 B 轴的交点，输入偏移值 "600"，绘制出 LC2，如图 4-81 所示。

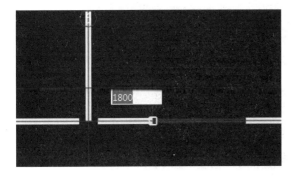

图 4-79　点绘制门

图 4-80　智能布置窗

图 4-81　精确布置窗

③ 点绘制：如图 4-82 所示。

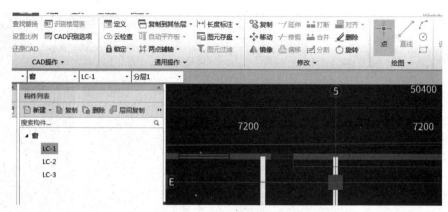

图 4-82　点绘制窗

④ 镜像：可利用"镜像"命令绘制窗，如图 4-83 所示。

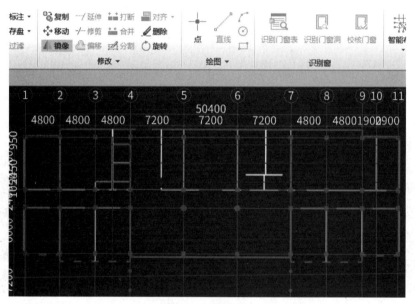

图 4-83　镜像窗

（4）带形窗绘制

由建施-03 中 MQ1 的位置可以看出，该窗为带形窗，绘制的时候选择"带形窗二次编辑"中"智能布置"下的墙，如图 4-84 所示。然后 MQ1 处所在的外墙，单击鼠标右键确认，绘出 MQ1，如图 4-85 所示。

图 4-84　智能布置带形窗

4.6.1.6　汇总清单结果

汇总计算，统计首层门窗清单、定额工程量，见表 4-28。

图 4-85　带形窗绘制结果

表 4-28　首层门窗清单、定额工程量

编码	项目名称	单位	工程量明细	
			绘图输入	表格输入
010801004001	木质防火门安装	100m²	0.06195	
8-1	木质防火门安装	100m²	0.06195	
010801007003	成品套装木门安装 单扇门	10 樘	1	
8-4	成品套装木门安装 单扇门	10 樘	1	
010801007004	成品套装木门安装 双扇门	10 樘	0.1	
8-5	成品套装木门安装 双扇门	10 樘	0.1	
010802001004	塑钢成品门安装 平开	100m²	0.063	
8-10	塑钢成品门安装 平开	100m²	0.063	
010802003001	钢质防火门安装	100m²	0.0504	
8-13	钢质防火门安装	100m²	0.0504	
010805005001	全玻自由门 全玻璃门扇安装 有框门扇	100m²	0.063	
8-62	全玻自由门 全玻璃门扇安装 有框门扇	100m²	0.063	
010807001007	塑钢成品窗安装 内平开下悬	100m²	1.1016	
8-73	塑钢成品窗安装 内平开下悬	100m²	1.1016	
010807004004	塑钢窗纱扇安装 推拉	100m²	1.1016	

4.6.2　过梁、圈梁、构造柱工程量计算

4.6.2.1　分析图纸

(1) 过梁和圈梁

分析结施-02、建施-03 和结施-02 中 (7) 可知，圈梁在内墙门洞上设一道，兼作过梁，这样内墙门洞上方不设过梁；外墙窗台处设一道圈梁，窗顶刚好顶到框架梁，框架梁代替圈梁，同时外墙上的窗也不再设置过梁，MQ1、MQ2 的顶标高直接到框架梁，也不用再设置过梁；LM1 上设置过梁一道。过梁尺寸和配筋见图 4-86 所示。圈梁信息如表 4-29 所示。

表 4-29　圈梁信息表

序号	名称	位置	宽/mm	高/mm	备注
1	QL-1	内墙上	200	120	
2	QL-2	外墙上	250	180	

门窗洞口宽度	$b \leqslant 1200$		>1200且$\leqslant 2400$		>2400且$\leqslant 4000$		>4000且$\leqslant 5000$	
断面 $b \times h$	$b \times 120$		$b \times 180$		$b \times 300$		$b \times 400$	
配筋 墙厚	①	②	①	②	①	②	①	②
$b=90$	2φ10	2Φ14	2Φ12	2Φ16	2Φ14	2Φ18	2Φ16	2Φ20
$90<b<240$	2φ10	3Φ12	2Φ12	3Φ14	2Φ14	3Φ16	2Φ16	3Φ20
$b \geqslant 240$	2φ10	4Φ12	2Φ12	4Φ14	2Φ14	4Φ16	2Φ16	4Φ20

图 4-86　过梁尺寸及配筋

（2）构造柱

构造柱的位置和配筋信息如图 4-87 所示。

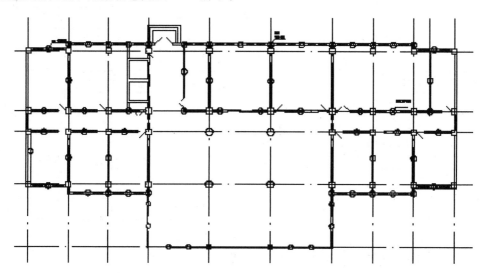

砌体填充墙应按下述原则设置钢筋混凝土构造柱。构造柱一般在砌
体转角，纵、横墙体相交部位以及沿墙长每隔3500～4000mm 设置。

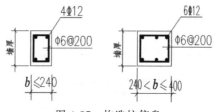

图 4-87　构造柱信息

4.6.2.2 过梁、圈梁和构造柱清单、定额计算规则

（1）清单计算规则

过梁、圈梁和构造柱清单计算规则见表 4-30。

表 4-30 过梁、圈梁和构造柱清单计算规则

编码	项目名称	单位	计算规则
010503005	过梁	10m³	按设计图示尺寸以体积计算。①伸入墙内的梁头、梁垫并入梁体积内；②过梁长度门、窗口外围宽度两端共加 50cm 计算
011702009	过梁模板	100m²	按模板与现浇混凝土构件的接触面积计算
010503004	圈梁	10m³	按设计图示尺寸以体积计算。伸入墙内的梁头、梁垫并入梁体积内
011702008	圈梁模板	100m²	按模板与现浇混凝土构件的接触面积计算
010502002	构造柱	10m³	按设计图示尺寸以体积计算。柱高：构造柱按全高计算，嵌接墙体部分（马牙槎）并入柱身体积
011702003	构造柱模板	100m²	构造柱均应按图示外露部分计算模板面积。带马牙槎构造柱的宽度按马牙槎最宽处计算
010507005	压顶	10m³	按设计图示尺寸以体积计算
011702028	现浇混凝土模板 扶手压顶	100m²	按模板与现浇混凝土构件的接触面积计算

（2）定额计算规则

过梁、圈梁和构造柱定额计算规则见表 4-31。

表 4-31 过梁、圈梁和构造柱定额计算规则

编码	项目名称	单位	计算规则
5-21	现浇混凝土梁 过梁	10m³	按设计图示尺寸以体积计算
17-292	现浇混凝土模板 过梁 复合模板钢支撑	100m²	按模板与现浇混凝土构件的接触面积计算
5-20	现浇混凝土梁 圈梁	10m³	按设计图示尺寸以体积计算
17-189	现浇混凝土模板 圈梁 直形复合模板钢支撑	100m²	按模板与现浇混凝土构件的接触面积计算
5-13	现浇混凝土柱 构造柱	10m³	按设计图示尺寸以体积计算。柱高：构造柱按全高计算，嵌接墙体部分（马牙槎）并入柱身体积
17-176	现浇混凝土模板 构造柱 复合模板钢支撑	100m²	构造柱均应按图示外露部分计算模板面积。带马牙槎构造柱的宽度按马牙槎最宽处计算
5-57	现浇混凝土其他构件 压顶	10m³	按设计图示尺寸以体积计算

4.6.2.3 过梁、圈梁和构造柱绘制

（1）圈梁属性定义和做法套用

圈梁属性定义和做法套用如图 4-88 所示。

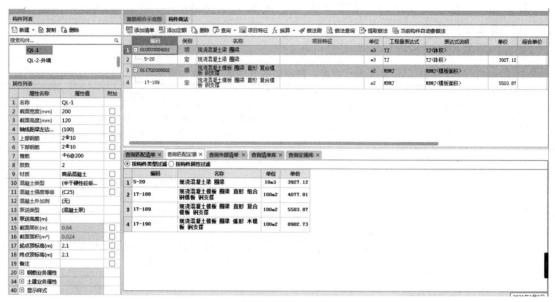

图 4-88　圈梁属性定义和做法套用

（2）过梁属性定义和做法套用

过梁属性定义和做法套用如图 4-89 所示。

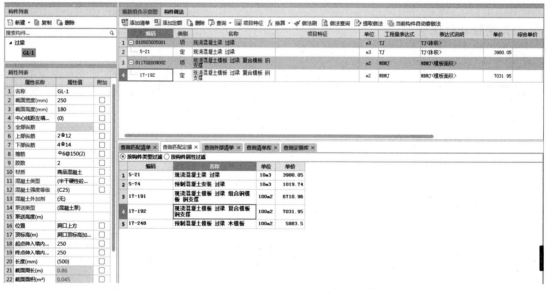

图 4-89　过梁属性定义和做法套用

（3）构造柱属性定义和做法套用

构造柱属性定义和做法套用如图 4-90 所示。

（4）圈梁绘制

圈梁采用"直线"画法，方法同墙。单击"智能布置"→"墙中心线"，选中需要布置的墙部分，如图 4-91 所示。

图 4-90 构造柱属性定义和做法套用

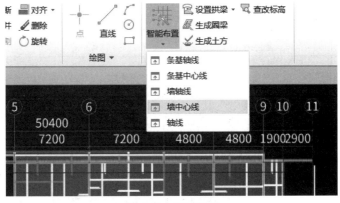

图 4-91 圈梁绘制

(5) 过梁绘制

绘制过梁有点绘制和智能布置两种方式，GL-1 采用智能布置方式，按门窗洞口宽度布置，如图 4-92 和图 4-93 所示。

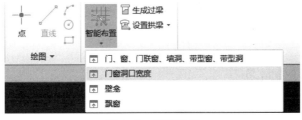

图 4-92 过梁设置

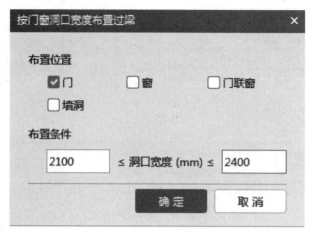

图 4-93　过梁设置对话框

（6）构造柱绘制

按照建施-17 所示位置绘制构造柱，其绘制方法同框架柱，按点画法布置。结果如图 4-94 所示。

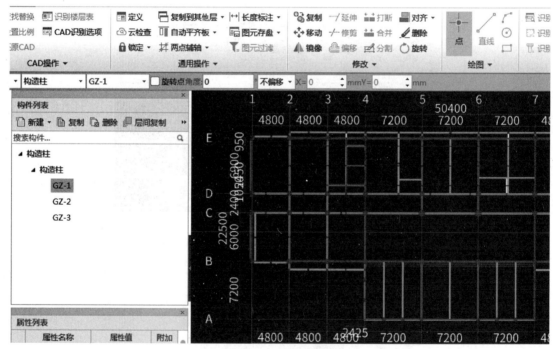

图 4-94　构造柱绘制

4.6.2.4　汇总计算结果

汇总计算，统计首层过梁、圈梁和构造柱的清单、定额工程量，见表 4-32。

表 4-32 首层过梁、圈梁和构造柱清单、定额工程量

编码	项目名称	单位	工程量明细	
			绘图输入	表格输入
010502002001	现浇混凝土柱 构造柱	10m³	1.16923	
5-13	现浇混凝土柱 构造柱	10m³	1.16923	
010503004001	现浇混凝土梁 圈梁	10m³	0.49625	
5-20	现浇混凝土梁 圈梁	10m³	0.49625	
010503005001	现浇混凝土梁 过梁	10m³	0.0117	
5-21	现浇混凝土梁 过梁	10m³	0.0117	
011702003002	现浇混凝土模板 构造柱 复合模板 钢支撑	100m²	1.174028	
17-176	现浇混凝土模板 构造柱 复合模板 钢支撑	100m²	1.174028	
011702008002	现浇混凝土模板 圈梁 直形 复合模板 钢支撑	100m²	0.39652	
17-189	现浇混凝土模板 圈梁 直形 复合模板 钢支撑	100m²	0.39652	
011702009002	现浇混凝土模板 过梁 复合模板 钢支撑	100m²	0.01461	
17-192	现浇混凝土模板 过梁 复合模板 钢支撑	100m²	0.01461	

4.7 楼梯工程量计算

楼梯工程量计算

4.7.1 分析图纸

分析结施-15 和结施-16 可知，该工程两个楼梯的参数是不同的，因此，需要建立两个楼梯构件。

依据定额计算规则可知，楼梯按照水平投影面积计算混凝土和模板面积；TZ1 的工程量不包含在整体楼梯中，需要单独另算。

从建施-13 和建施-14 可知，楼梯栏杆为 1.0m 高的不锈钢栏杆。

4.7.2 楼梯清单、定额计算规则

（1）楼梯清单计算规则

楼梯的清单计算规则见表 4-33。

表 4-33 楼梯清单计算规则

编码	项目名称	单位	计算规则
010506001	现浇混凝土楼梯 整体楼梯混凝土	10m² 水平投影面积	楼梯（包括休息平台、平台梁、斜楼梯的连梁）按设计图示尺寸以水平投影面积计算，如两跑以上楼梯水平投影有重叠部分，重叠部分单独计算水平投影面积，不扣除宽度小于 500mm 楼梯井，伸入墙内部分不计算。当整体楼梯与现浇楼板无楼梯的连接梁连接时，以楼梯的最后一个踏步边缘加 300mm 为界
011702024	现浇混凝土楼梯模板 整体楼梯模板	100m² 水平投影面积	现浇混凝土楼梯（包括休息平台梁、斜梁及楼梯的连梁）按设计图示尺寸以水平投影面积计算，如两跑以上楼梯水平投影有重叠部分，重叠部分单独计算水平投影面积，不扣除宽度小于 500mm 楼梯井所占面积，楼梯的踏步、踏步板、平台梁等侧面模板不另行计算，伸入墙内部亦不增加。当整体楼梯与现浇楼板无楼梯的连接梁连接时，以楼梯的最后一个踏步边缘加 300mm 为界

（2）楼梯定额计算规则

楼梯的定额计算规则见表 4-34。

表 4-34　楼梯定额计算规则

编码	项目名称	单位	计算规则
5-46	直形楼梯 商品混凝土	10m² 水平投影面积	楼梯（包括休息平台、平台梁、斜梁及楼梯的连梁）按设计图示尺寸以水平投影面积计算，如两跑以上楼梯水平投影有重叠部分，重叠部分单独计算水平投影面积，不扣除宽度小于 500mm 楼梯井，伸入墙内部分不计算。当整体楼梯与现浇楼板无楼梯的连接梁连接时，以楼梯的最后一个踏步边缘加 300mm 为界
17-228	现浇构件混凝土直形楼梯 复合模板钢支撑	100m² 水平投影面积	现浇混凝土楼梯（包括休息平台、平台梁、斜梁及楼梯的连梁）按设计图示尺寸以水平投影面积计算，如两跑以上楼梯水平投影有重叠部分，重叠部分单独计算水平投影面积，不扣除宽度小于 500mm 楼梯井所占面积，楼梯的踏步、踏步板、平台梁等侧面模板不另行计算，伸入墙内部分亦不增加。当整体楼梯与现浇楼板无楼梯的连接梁连接时，以楼梯的最后一个踏步边缘加 300mm 为界

4.7.3　楼梯绘制

楼梯绘制时首先需要对楼梯进行属性的赋予和做法套用，属性的赋予采用以下方法进行。

（1）属性定义

在导航树中单击"楼梯"→"新建参数化楼梯"，弹出如图 4-95 所示对话框，在对话框中选择"标准双跑 1"单击"确定"，按结施-15 中的数据更改右侧全部数据，然后单击"确定"即可。

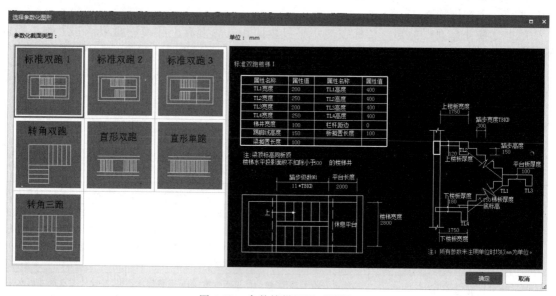

图 4-95　参数楼梯图形对话框

结合结施-15，对一号楼梯进行属性定义，如图 4-96 所示。

（2）做法套用

一号楼梯的做法套用，如图 4-97 所示。

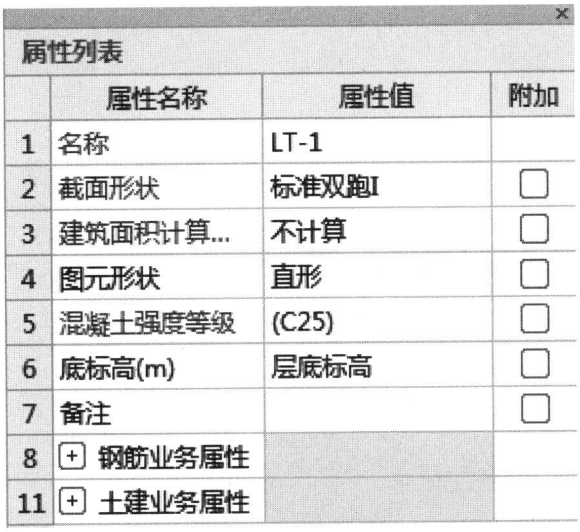

属性列表

	属性名称	属性值	附加
1	名称	LT-1	
2	截面形状	标准双跑I	☐
3	建筑面积计算...	不计算	☐
4	图元形状	直形	☐
5	混凝土强度等级	(C25)	☐
6	底标高(m)	层底标高	☐
7	备注		☐
8	+ 钢筋业务属性		
11	+ 土建业务属性		

图 4-96　楼梯属性

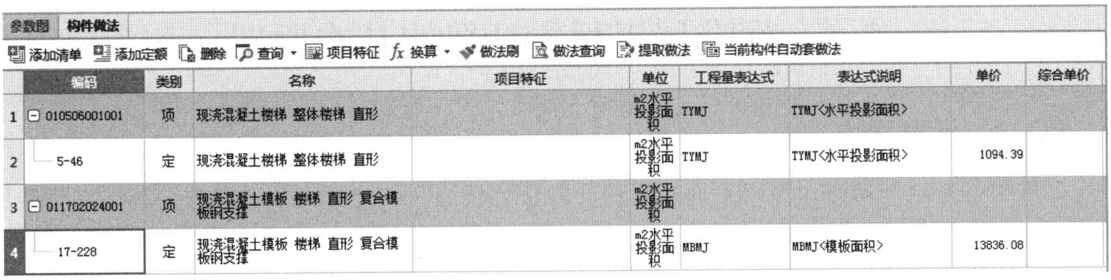

参数图　构件做法

添加清单　添加定额　删除　查询　项目特征　fx 换算　做法刷　做法查询　提取做法　当前构件自动套做法

	编码	类别	名称	项目特征	单位	工程量表达式	表达式说明	单价	综合单价
1	010506001001	项	现浇混凝土楼梯 整体楼梯 直形		m2水平投影面积	TYMJ	TYMJ<水平投影面积>		
2	5-46	定	现浇混凝土楼梯 整体楼梯 直形		m2水平投影面积	TYMJ	TYMJ<水平投影面积>	1094.39	
3	011702024001	项	现浇混凝土模板 楼梯 直形 复合模板钢支撑		m2水平投影面积				
4	17-228	定	现浇混凝土模板 楼梯 直形 复合模板钢支撑		m2水平投影面积	MBMJ	MBMJ<模板面积>	13836.08	

图 4-97　楼梯做法套用

(3) 楼梯绘制

进入绘图界面，在 4 轴和 4 轴之间点画 1 号楼梯。

采用同样的方法在 10 轴和 11 轴之间绘制 2 号楼梯。

4.7.4　汇总计算结果

汇总计算，统计首层楼梯清单、定额工程量，见表 4-35。

表 4-35　首层楼梯清单、定额工程量

编码	项目名称	单位	工程量明细	
			绘图输入	表格输入
010506001001	现浇混凝土楼梯 整体楼梯 直形	$10m^2$ 水平投影面积	2.828	
5-46	现浇混凝土楼梯 整体楼梯 直形	$10m^2$ 水平投影面积	2.828	

第 5 章

标准层工程量计算

本章学习要求：
1. 掌握标准层计算的基本原理和方法；
2. 掌握层间复制图元的方法。

5.1 标准层工程量计算的基本原理

5.1.1 标准层

标准层是房地产术语，是指平面布置相同的住宅楼层。结构平面图一般分为首层、标准层和顶层。标准层是指中间许多层都是一样的，共用一张图纸施工，所以统称为标准层。同理，建筑平面图也有标准层。

在基础层和首层工程量计算完毕后进入到标准层工程量的计算，一般标准层的工程量计算仅需完成其中一层的工程量计算工作，然后再将该层的工程量复制到其他标准层即可。如有需要手算的内容，则计算完某层的工程量后乘以标准层的层数即可。

5.1.2 标准层工程量列项

列项就是为了在计算工程量时不漏项、不重项，并且要学会自查或查别人。图纸有很多内容，而且很杂，如果没有一套系统的思路，计算工程量时将无法下手，很容易漏项。为了不漏项，且对图纸有一个系统、全面的了解，我们就需要列项。列项是一个从粗到细、从宏观到微观的过程。通过以下 3 个步骤对建筑物进行工程量列项，可以达到不重项、不漏项的目的，如图 5-1 所示。

图 5-1　工程量列项

5.1.2.1 第一步：分层

针对建筑物的工程量计算而言，列项的第一步是把建筑物从下往上一般分为 7 个基本层，其中 $2 \sim n$ 层即为标准层，如图 5-2 所示。

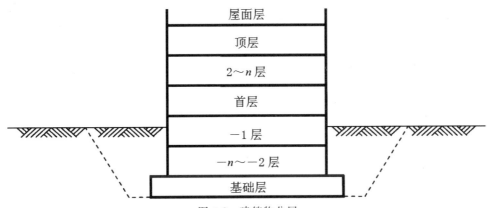

图 5-2　建筑物分层

5.1.2.2　第二步：分块

对于建筑物分解的标准层，一般分解为六大块：围护结构、顶部结构、室内结构、室外结构、室内装修以及室外装修。其中，围护结构、顶部结构、室内结构和室外结构构成建筑物标准层的主体结构，室内装修以及室外装修为装修部分。

（1）围护结构

围护结构是指建筑物及房间各面的围护物，分为透明和不透明两种类型；不透明围护结构有墙、屋面、地板、顶棚等；透明围护结构有窗户、天窗、阳台门、玻璃隔断等。

按是否与室外空气直接接触，又可分为外围护结构和内围护结构。在不需要特别加以指明的情况下，围护结构通常是指外围护结构，包括外墙、屋面、窗户、阳台门、外门，以及不供暖楼梯间的隔墙和户门等。

围护结构应具有下述性能：

1）保温

在寒冷地区，保温对房屋的使用质量和能源消耗关系密切。围护结构在冬季应具有保持室内热量、减少热损失的能力。其保温性能用热阻和热稳定性来衡量。保温措施有：增加墙厚；利用保温性能好的材料；设置封闭的空气间层等。

2）隔热

围护结构在夏季应具有抵抗室外热作用的能力。在太阳辐射热和室外高温作用下，围护结构内表面如能保持适应生活需要的温度，则表明隔热性能良好；反之，则表明隔热性能不良。提高围护结构隔热性能的措施有：设隔热层，加大热阻；采用通风间层构造；外表面采用对太阳辐射热反射率高的材料等。

3）隔声

围护结构对空气声和撞击声具有隔绝能力。墙和门窗等构件以隔绝空气声为主；楼板以隔绝撞击声为主。

4）防水防潮

对于处在不同部位的构件，在防水防潮性能上有不同的要求。屋顶应具有可靠的防水性能，即屋面材料的吸水性要小，而抗渗性要高。外墙应具有防潮性能，潮湿的墙体会恶化室内条件，降低保温性能和损坏建筑材料。外墙受潮的原因有：①雨水通过毛细管作用或风压作用向墙内渗透；②地下毛细水或地下潮气上升到墙体内；③墙内水蒸气在冬季形成的凝结水等。为避免墙身受潮，应采用密实的材料做外饰面；设置墙基防潮层以及在适当部位设隔汽层。

5）耐火

围护结构要有抵抗火灾的能力，常以构件的燃烧性能和耐火极限来衡量。构件按燃烧性能可分为燃烧体、难燃烧体、非燃烧体。构件材料经过处理可改变燃烧性能，例如木构件为燃烧体，如果在外表设保护层可成为难燃烧体。构件的耐火极限，取决于材料种类、截面尺寸和保护层厚度等，以小时计，在建筑防火规范中有详细规定。

6）耐久

围护结构在长期使用和正常维修条件下，仍能保持所要求的使用质量的性能。影响围护结构耐久性的因素有：冻融作用、盐类结晶作用、雨水冲淋和受潮、老化、大气污染、化学腐蚀、生物侵袭、磨损和撞击等。不同材料的围护结构受这些因素影响的程度是不同的。例如黏土砖墙耐久性容易受到冻融作用、环境湿度变化、盐类结晶作用、酸碱腐蚀等的影响；混凝土或钢筋混凝土类围护结构则有较强的抵抗不利影响的能力。为了提高耐久性，对于木围护结构，主要应防止干湿交替和生物侵袭；对于钢板或铝合金板，主要应做表面保护和合理的构造处理，防止化学腐蚀；对于沥青、橡胶、塑料等有机材料制作的外围护结构，在阳光、风雨、冷热、氧气等的长期作用下会老化变质，可设置保护层。

（2）顶部结构

屋顶是建筑顶部的承重和围护构件，一般由屋面、保温（隔热）层和承重结构三部分组成。屋顶又被称为建筑的"第五立面"，对建筑的形体和立面形象具有较大的影响，屋顶的形式将直接影响建筑物的整体形象。屋顶是建筑最上层起覆盖作用的围护结构，又是房屋上层的承重结构，同时对房屋上部还起着水平支撑作用。

1）承受荷载

屋顶要承受自身及其上部的荷载，其上部的荷载包括风、雪和需要放置于屋顶上的设备、构件、植被以及在屋顶上活动的人的荷载等，并将这些荷载通过其下部的墙体或柱子，传递至基础。

2）围护作用

屋顶是一个重要的围护结构，它与墙体、楼板共同围合形成室内空间，同时能够抵御自然界风、霜、雨、雪、太阳辐射、气温变化以及外界各种不利因素对建筑物的影响。

3）造型作用

屋顶的形态对建筑整体造型有非常重要的作用，无论是中国传统建筑特有的"反宇飞檐"，还是西方传统建筑中各式坡顶的教堂、宫殿都成为了其传统建筑的文化象征，具有了符号化的造型特征意义。可见屋顶是建筑整体造型核心的要素之一，是建筑造型设计中最重要的内容。

（3）室内结构

室内结构主要包括：室内独立柱、楼梯等。楼梯一般由楼梯段、楼梯平台、楼梯梯井、栏杆（或栏板）和扶手四部分组成。楼梯所处的空间称为楼梯间。

1）楼梯段

楼梯段又称楼梯跑，是楼层之间的倾斜构件，同时也是楼梯的主要使用和承重部分。它由若干个踏步组成。为减少人们上下楼梯时的疲劳和适应人们行走的习惯，一个楼梯段的踏步数要求最多不超过 18 级，最少不少于 3 级。

2）楼梯平台

楼梯平台是指楼梯梯段与楼面连接的水平段或连接两个梯段之间的水平段，供楼梯转折或供使用者略作休息之用。平台的标高有时与某个楼层相一致，有时介于两个楼层之间。与楼层标高相一致的平台称为楼层平台，介于两个楼层之间的平台称为中间平台。

3）楼梯梯井

楼梯的两梯段或三梯段之间形成的竖向空隙称为梯井。在住宅建筑和公共建筑中，根据使用和空间效果的不同而确定不同的取值。住宅建筑应尽量减小梯井宽度，以增大梯段净宽，一般取值为 100～200mm。公共建筑梯井宽度的取值一般不小于 150mm，并应满足消防要求。

4）栏杆（栏板）和扶手

栏杆（栏板）和扶手是楼梯段的安全设施，一般设置在梯段和平台的临空边缘。通常要求其必须坚固可靠，有足够的安全高度，并应在其上部设置供人们的手扶持用的扶手。在公共建筑中，当楼梯段较宽时，常在楼梯段和平台靠墙一侧设置靠墙扶手。

（4）室外结构

1）飘窗

飘窗，一般呈矩形或梯形向室外凸起，三面都装有玻璃。飘窗有内飘和外飘两种类型，外飘是凸的，内飘是平凹的，外飘窗一般三面都是玻璃，凸出墙体，底下是空的；内飘窗一般都有一面玻璃，两面是墙，比较安全，但是会占用室内的空间。

飘窗可以按结构、类型等细分为以下几种：

① 按顶材料分类：玻璃飘窗、断桥铝飘窗、塑钢飘窗。

② 按型材材料分类：断桥铝飘窗、铝包木飘窗、塑钢飘窗、系统飘窗。

③ 按结构分类：钢结构、铝结构、钢铝结构、木结构、复合结构（含钢木复合结构、铝木复合结构）、可调光型（应用高科技调光玻璃）。

④ 按位置分类：露台飘窗、庭院飘窗。

⑤ 按造型分类：创意飘窗、组合飘窗、造型飘窗、单飘窗。

⑥ 按各种系统分类：斜顶飘窗系统、智能飘窗系统、自然通风系统、节能 Low-E 玻璃、落水系统。

2）散水

散水是指房屋外墙四周的勒脚处（室外地坪上）用片石砌筑或用混凝土浇筑的有一定坡度的散水坡。散水的作用是迅速排走勒脚附近的雨水，避免雨水冲刷或渗透到地基，防止基础下沉，以保证房屋的巩固耐久。散水宽度宜为 600～1000mm，当屋檐较大时，散水宽度要随之增大，以便使屋檐上的雨水都能落在散水上迅速排散。散水的坡度一般为 5％，外缘应高出地坪 20～50mm，以便使雨水排出流向明沟或地面他处散水，与勒脚接触处应用沥青砂浆灌缝，以防止墙面雨水渗入缝内。

3）挑檐

挑檐是指屋面（楼面）挑出外墙的部分，一般挑出宽度不大于 50cm。主要是为了方便做屋面排水，对外墙也起到保护作用。

4）腰线

腰线是建筑装饰的一种做法，一般指建筑墙面上的水平横线，在外墙面上通常是在窗口的上沿或下沿（也可以在其他部位）将砖挑出 60mm×120mm，做成一条通长的横带，主要起装饰作用。这在一些较早的装饰比较简单的建筑中常可看到。

5.1.2.3　第三步：分构件

（1）围护结构构件划分

围护结构包括以下几种构件：柱子、梁（墙上梁或非下空梁）、墙（内外）、门、窗、门联窗、墙洞、过梁、窗台板以及护窗栏杆等。

（2）顶部结构构件划分

顶部结构包括以下几种构件：梁（下空梁）、板（含斜）、板洞以及天窗。

（3）室内结构构件划分

室内结构包括以下几种构件：楼梯、独立柱、水池、化验台以及讲台。

（4）室外结构构件划分

室外结构包括以下几种构件：腰线、飘窗、门窗套、散水、坡道、台阶、阳台、雨篷、挑檐、遮阳板以及空调板等。

（5）室内装修构件划分

室内装修包括以下几种构件：地面、踢脚、墙裙、墙面、天棚、天棚保温以及吊顶。

（6）室外装修构件划分

室外装修包括以下几种构件：外墙裙、外墙面、外保温、装饰线和玻璃幕墙。

分构件之后，仍不能根据《房屋建筑与装饰工程计量规范》和《建筑工程装饰工程预算定额》计算每一类构件的工程量，这时需要进行工程量列项。需要查看图纸中每一类构件包含哪些具体构件；这些具体构件有什么属性；这些具体构件应该套什么清单分项或定额分项；清单或者定额分项的工程量计量单位是什么；计算规则是什么。在明确列项后，进入到标准层工程量的计算。

5.2 标准层构件绘制

5.2.1 标准层构件绘制原理

（1）任务说明

① 使用层间复制方法完成二层柱、梁、板、墙体、门窗的做法套用及图元绘制。

② 查找首层与标准层的不同部分，将不同部分进行修正。

③ 汇总计算，统计标准层柱、梁、板、墙体、门窗的工程量。

（2）任务分析

① 对比标准层与首层的柱、梁、板、墙体、门窗的不同点在哪里，可以从名称、尺寸、位置和做法等四个方面着手分析不同点。

② 分析从其他楼层复制构件图元与复制选定图元到其他楼层有什么不同。

a. 复制选定图元到其他楼层：将选中的图元复制到目标层，可通过选择图元来控制复制范围。

b. 从其他楼层复制构件图元：将其他楼层的构件图元复制到目标层，只能选择构件来控制复制范围。

5.2.2 标准层构件绘制过程

5.2.2.1 复制选定图元到其他楼层

在"建模"标签栏中找到"复制到其他层"，单击选中，如图 5-3 所示。在首层点击"复制到其他层"，此时框选需要复制的图元，单击右键确认。

图 5-3 复制图元到其他楼层

也可以采用批量选择的方式进行需要复制的构建，此时注意筛选首层和标准层相同的图元，不同的图元可以勾选图元名称前面的点选对号，如图 5-4 所示。

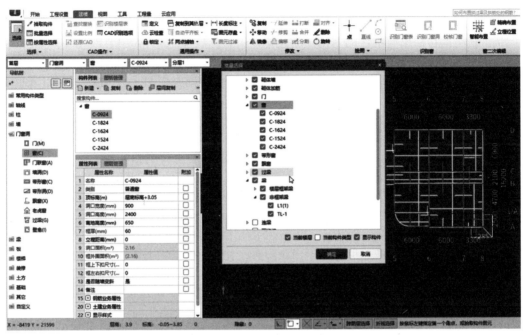

图 5-4　批量选择构件

此时再单击"复制到其他层"，选择所选择需要复制图元的目标层，也就是标准层，单击"确定"，如图 5-5 所示。

按照工程量计算需要和图纸实际情况选择复制图元冲突的解决方式，如图 5-6 所示。复制图元冲突主要有两种情况。

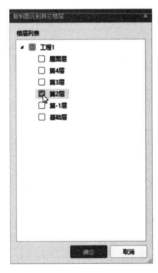

图 5-5　选择目标楼层

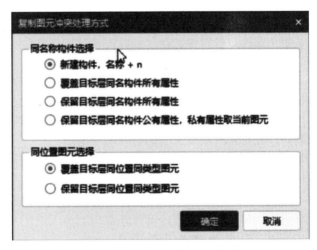

图 5-6　复制图元冲突处理方式

(1) 同名称构件

如果在复制过程中出现了同名称构件，可以有三种解决方式，按照算量的需求来进行选择即可。

第一种，新建构建，名称＋n。这一选项将在目标楼层中新建一个构件，将构件的名称命名为＋n。在当前楼层已有构件的基础上新建构件，名称后加－n，n＝1、2、3…。如：在第2层从第1层复制构件，2层中已经存在 KL-1，如果1层中也有 KL-1，复制到二层，选择新建构件，则生成 KL-1-1。第二种，选择"覆盖目标层同位置同类型图元"，则用复制过来的图元覆盖当前楼层已经有的同位置同类型构件。第三种，选择"保留目标层同位置同类型图元"，则不复制源楼层的构件，保留当前层构件的属性及位置。

(2) 同位置构件

不新建构件，覆盖目标层同名构件属性：当前楼层中的构件名称不变，构件的截面信息，配筋信息按照被复制层相同构件的属性覆盖。如：当前层（2层）有 KL-1，上部钢筋为 4B22，从1层复制上来的构件中也有 KL-1，上部钢筋为 6B20，如果选择"不新建构件，覆盖目标层同名构件属性"，则当前层中 KL-1 的配筋更改为上部钢筋 6B20。

只复制图元，保留目标层同名构件属性：当前楼层中同名构件只复制构件图元，但构件的截面、配筋信息等仍取已经定义的当前层构件的属性。如当前层的 KL-1 上部配筋为 4B22，1层中 KL-1 的上部配筋信息为 6B20，则从1层复制上来的 KL-1 不覆盖2层 KL-1 的配筋信息。

图 5-6 中的选项根据要求选择好后单击"确定"，进入到复制过程，复制好软件页面显示如图 5-7 所示，代表复制图元操作成功。

图 5-7　图元复制成功

为了避免漏掉一些构件，在复制后需要对复制成功的构件按照画图的顺序进行修改，修改方法如下：

① 修改柱的钢筋信息。如果涉及标准层和首层柱的钢筋信息不同的情况，需要修改标准层柱的钢筋信息，比如箍筋的间距等。

② 修改梁的信息。单击"原位标注"，选中需要修改的梁，按照图纸对比标准层和首层梁信息的差异，分别修改左右支座钢筋和跨中钢筋。

③ 修改板负筋信息。对比标准层和首层负筋信息的差异，选中需要修改的负筋，分别修改左右标注长度，按"Enter"键保存修改信息。

④ 修改门窗的信息。对比标准层和首层门窗表的差异，删除型号不符的门窗，用点绘制的方式绘制出符合图纸要求的门窗即可。

5.2.2.2　从其他楼层复制图元

另一种标准层构件的绘制方法是从其他楼层复制图元，如图 5-8 所示。在"建模"标签栏中找到"从其他层复制"，单击选中。

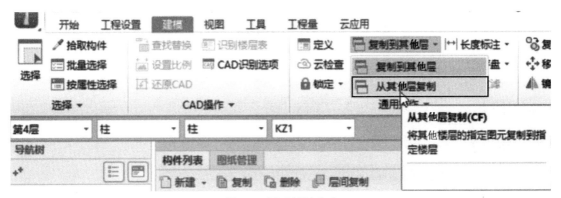

图 5-8　图元复制成功

　　楼层选择目前需要绘制构建的标准层，比如第 4 层，单击"从其他层复制"，源楼层选择已经绘制好的标准层，比如第 3 层，目标楼层选择第 4 层，如图 5-9 所示。后续操作同图 5-6和图 5-7。

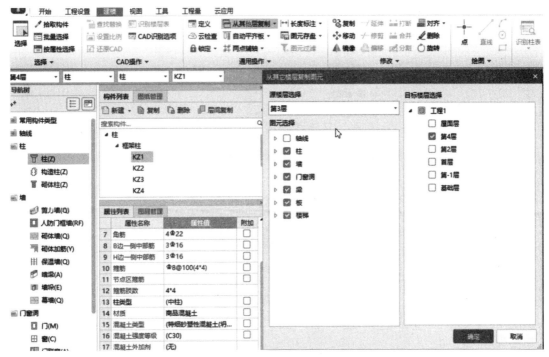

图 5-9　源楼层和目标楼层选择

　　在图 5-9 这一步中，在源楼层选择好需要复制的图元构件，在相应的需要复制到目标层的图元前面勾选，右侧勾选需要复制的目标楼层。选择完毕后单击"确定"。

5.3 输出标准层工程量

5.3.1 汇总计算

完成标准层工程模型，查看标准层构件工程量时需进行汇总计算。

在菜单栏中单击"工程量"→"汇总计算"，弹出"汇总计算"提示框，选择需要汇总的楼层、构件及汇总项，单击"确定"按钮进行计算汇总，如图 5-10 所示。

图 5-10　汇总计算

汇总结束后弹出"计算成功"界面，如图 5-11 所示。

图 5-11　完成汇总计算

5.3.2 报表

工程汇总检查完成之后，可对整个工程进行工程量及报表的输出，可统一选择设置需要查看报表的楼层和构件，包括"绘图输入"和"表格输入"两部分的工程量。可通过查看报表进行工程量查看，如图 5-12 所示。

图 5-12　查看报表

可分别查看钢筋相关工程量及报表，也可查看土建相关工程量及报表，如图 5-13 和图 5-14 所示。

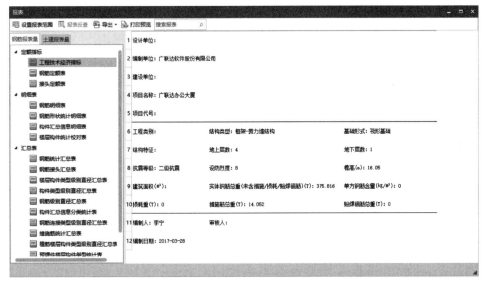

图 5-13　钢筋报表量和土建报表量

图 5-14　清单汇总量

第6章

屋面层工程量计算

本章学习要求：

1. 掌握屋面层工程计量的基本内容；
2. 掌握屋面层工程计量的基本方法；
3. 了解 BIM 建筑工程计量软件。

6.1 屋面层工程量计算

6.1.1 屋面工程相关概念

6.1.1.1 屋面工程基本概念和基本属性

屋面工程是房屋建筑工程的主要部分之一，它既包括工程所用的材料、设备和所进行的设计、施工、维护等技术活动，也指工程建设的对象，在建筑工程中起到功能保障的作用。具体来讲，屋面工程除应能安全承受各种荷载作用外，还需要具有抵御温度、风吹、雨淋、冰雪乃至震害的能力，并能经受温差和基层结构伸缩、开裂引起的变形。因此，一幢既安全、环保又满足人们使用要求和审美要求的房屋建筑，屋面工程担当着非常重要的角色。

屋面工程属房屋建筑的分部工程，是一大工程领域，其主体涵盖屋顶上部屋面板及其上面的所有构造层次，包括隔汽层、通风防潮层、保温隔热层、防水层、保护层等，是综合反映屋面多功能作用的系统工程。

6.1.1.2 屋面工程的基本属性

(1) 综合性

随着房屋建筑工程科学技术的进步，屋面工程已发展成为门类众多、内容广泛、技术复杂的综合体系。发展屋面系统工程需要得到建设行政主管部门和建设单位以及设计人员的重视，建立屋面工程总体概念，以提高屋面工程整体技术水平为目标，统一规划，促进材料、设计、施工相互结合和协调发展。在屋面系统工程中，重视发展防水技术的成套化，是建筑防水行业的主要目标和任务。

(2) 社会性

不同的历史发展阶段以及不同的区域环境，具有不同的社会、经济、文化、科学、技术发展特点。各种类型的房屋建筑都是为适应人们生活和生产需要而建造的，无不打上了时代和区域的烙印。屋面工程表现尤为突出，以屋面体现地方风格、民族风格和时代风格的房屋建筑随处可见。闻名遐迩的世界文化遗产中国丽江、平遥等古城民居建筑的青瓦屋面，江南水乡古镇的粉墙黛瓦，以及北京四合院的小青瓦屋面等，都堪称独具鲜明地方特色的建筑屋面典范。

(3) 实践性

古今中外，通过长期工程实践，作为大众民居建筑的屋面采用坡屋面形式可谓久盛不衰，始终占据屋面类型的主导地位，直至今天。坡屋面构造节点多、防水技术处理的难度大、渗漏概率大。除采用材料防水外，还必须加强构造防水措施。

屋面采用多大的坡度主要是根据使用需要和当地气象等因素决定的。就中国而言，坡度小于 3% 的屋面称平屋面。平屋面为屋面功能的多样化提供了前提条件，平屋面的类型和用途有：种植屋面、蓄水屋面、通风屋面（架空隔热屋面）和倒置式屋面等。普通房屋的平屋面可以用作晒场和人们活动的休闲场所等。

(4) 艺术性

屋顶和屋面高居房屋之首，是房屋建筑的门面。讲究的房屋，居住者对其艺术价值极为重视，精选多种建筑材料，配合自然环境，建造了许多造型与装饰十分优美的屋面，体现出鲜明的艺术性，为城市增添景观，有的还成为城市的标志性建筑，让人赏心悦目，体现出屋面工程的魅力。

6.1.1.3 屋面工程未来趋势

屋面工程发展的方向是提倡发展系统技术。实践证明，发展屋面工程系统技术对满足各类建筑使用功能和经济、适用、美观要求发挥了重要作用，是许多发达国家的一项基本经验。多年来，中国在引进先进技术、设备和自主创新的基础上，已研究、开发、总结出多套经济社会效果良好、具有发展前景和值得推广的屋面工程系统。

以下所列 8 类屋面系统即是我国屋面工程发展的趋向和目标。

(1) 新型瓦屋面系统
①沥青瓦屋面系统；②彩色混凝土瓦屋面系统。
(2) 单层卷材屋面系统
(3) 金属屋面系统
(4) 种植屋面系统
(5) 保温隔热屋面系统
(6) 轻型坡屋面系统
(7) 膜结构屋面系统
(8) 太阳能屋面系统

6.1.2 屋面工程计量

6.1.2.1 屋面工程计量内容

定额共包括三部分 129 个项目，补充定额 19 个项目，定额项目组成见图 6-1。

其中消耗量定额和相应的定额对应于清单《计价规则》"A.7 屋面及防水工程"和"A.8 防腐、隔热、保温工程"。

屋面子目均为单项子目，防水层和保温层未综合其他内容。隔汽层（防水层）、找平层、隔离层、保护层等另外考虑（找平层见定额第八章，保护层见定额第十章），屋面构造如图 6-2 所示。

通常情况下，防水层清单计价时应包括防水层、找平层、隔离层和保护层等计价内容。其

章	节	子　目
屋面工程	屋　面	瓦屋面、金属压型板屋面（9-1～9-22）
		卷材屋面防水、涂膜屋面防水（9-23～9-46）
		屋面保温（9-47～9-56）
		其　他（9-57～9-73）
	墙地面防水	卷材防水、涂膜防水（9-74～9-113）
	天棚墙面保温	天棚保温隔热、外墙内保温（9-114～9-129）
	补充定额	B9-1 筏板 满堂基础　　B9-9～9-13 外墙外保温

图 6-1　屋面工程定额

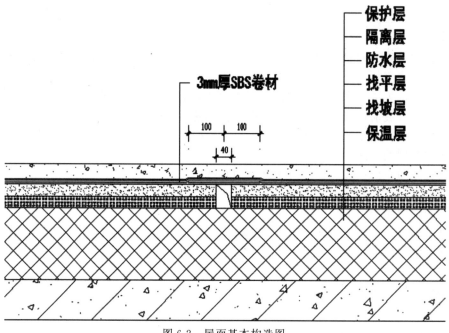

图 6-2　屋面基本构造图

中的找坡层清单有可能包括找坡层、隔汽层、找平层。而保温层清单一般包括一个子目（单项子目）。屋面排水清单计价时应包括排水管、水斗和水落口等内容。墙地面防水、楼地面防水、墙面防水执行定额第九章子目（平面、立面）；基础底板下层防水套用补充定额，墙地面防水清单计价时应包括找平层、防水层和保护层。

6.1.2.2　主要项目工程量计算

（1）屋面防水

① 卷材和涂膜防水层：按整个屋面的水平投影面积计算（包括女儿墙及挑檐栏板），女儿墙和挑檐栏板内侧弯起部分的面积并入防水层内（即定额工程量同清单工程量），S＝清单工

程量（弯起部分面积＝长度乘以高度，当高度没有详图时，可以按 0.3m 计算。）

② 防水层下设找平层时，定额执行第八章子目，其工程量同防水层的面积。

③ 防水层上的保护层一般执行第十章或第八章子目，其工程量一般只计算水平面积。

（2）屋面排水管

① 排水管按长度计算。

② 水斗、出水口等需按设计图纸重新按个或套或按平方米计算。

（3）地面、墙面防水

① 楼地面防水清单都是按室内的净面积计算的。计价时其工程量应考虑周边上翻高度并按图示尺寸计算。上翻高度小于 500mm 时，并入地面防水层，大于 500mm 时按立面防水层子目计算套用。设计无具体尺寸时按 300mm 计算。找平层、防水层、保护层的工程量一般只算水平面积。

② 基础底板、墙面卷材和涂膜防水层清单，计价时其内容应包括找平层、防水层和保护层，其工程量计算同清单项目工程量。其中，变形缝和止水带计算同清单项目工程量。屋面保温层、找坡层的工程量按设计图示铺设面积乘以平均厚度以立方米计算。

计算的具体范围同清单项目，即定额工程量 V＝清单项目工程量×平均厚度（找坡层的平均厚度要按图示重新进行计算）。隔汽层的工程量按面积计算同屋面保温层清单工程量，架空隔热板按实铺面积计算同屋面保温层清单工程量。其中，天棚保温隔热层工程量按设计图示铺设体积计算；保温层是铺设的按体积计算，V＝清单面积×厚度；隔热层是粉刷抹灰的按面积计算，S＝清单面积。外墙内、外保温工程量按设计图示粘铺或粉抹面积计算，区分不同厚度列项。工程量同清单项目工程量，外墙外保温子目见补充定额。

（4）平屋面工程量主项

主要包括屋面面积、找平层、保温层、屋面卷材防水、UPVC 雨水斗、铁皮、铸铁落水口、UPVC 弯头、排水管等内容。

（5）屋面工程量计算方法

1）屋面面积：瓦屋面、型材屋面（包括挑檐部分）均按设计图示尺寸水平投影面积乘以屋面坡度系数（见屋面坡度系数表）以斜面积计算。

① 扣除房上烟囱、风帽底座、风道、屋面小气窗和斜钩等所占面积。

② 屋面小气窗出檐与屋面重叠部分的面积不增加，但天窗出屋檐部分重叠的面积计入相应的屋面工程量内。

③ 瓦屋面的出线、披水、梢头抹灰、脊瓦加腮等工、料均不另计算。

2）屋面防水面积：屋面卷材防水、屋面涂膜防水按设计图示尺寸按面积以平方米计算。

① 斜屋顶（不包括平屋顶找坡）按图示尺寸的水平投影面积乘以屋面坡度延尺系数按斜面积以平方米计算，平屋顶按水平投影面积计算，由于屋面泛水引起的坡度延长不另考虑。

② 不扣除房上烟囱、风帽底座、风道、屋面小气窗和斜钩所占面积，其根部弯起部分不另计算。

③ 屋面的女儿墙、伸缩缝和天窗等处的弯起部分，并入屋面工程量内。天窗出檐部分重叠的面积应按调准图例尺寸注明尺寸，以平方米计算，并入卷材屋面工程内。如图纸未注明尺寸，伸缩缝、女儿墙可按 25cm 计算，天窗处按 50cm 计算。

涂膜屋面的工程量计算同卷材屋面。涂膜屋面的油膏嵌缝、玻璃布盖缝、屋面分隔缝，以延长米计算；屋面抹水泥砂浆找平层的工程量与卷材屋面相同；屋面保温层的工程量与卷材屋面相同。其中，屋面工程量中铁皮、UPVC 雨水斗、铸铁落水口、铸铁、UPVC 弯头、短管、铅丝网球按个计算。

3）屋面排水管按设计图示尺寸以展开长度计算。如设计未标注尺寸，以檐口下皮算至设计室外地坪以上 15cm 为止，下端与铸铁弯头连接者，算至接头处。

6.2 女儿墙、压顶、屋面的工程量计算

6.2.1 女儿墙、压顶工程量计算

6.2.1.1 女儿墙

女儿墙是建筑物屋顶四周的矮墙。女儿墙的作用是保护人员的安全，并对建筑立面起装饰作用。不上人的女儿墙除做立面装饰之外，还有固定油毡或固定防水卷材的作用。其主要作用除维护安全外，亦会在底处施作防水压砖收头，以避免防水层渗水或是屋顶雨水漫流。上人屋顶的女儿墙的作用是保护人员的安全，并对建筑立面起装饰作用。

依建筑技术规则规定，女儿墙如被视作栏杆，若建筑物在 10 层楼以上，女儿墙高度不得小于 1.2m，而为避免刻意加高女儿墙，亦规定其高度最高不得超过 1.5m。

(1) 墙身长度计算

① 外墙按外墙中心线长度计算；内墙按内墙净长计算；附墙垛按折加长度合并计算；框架墙部分内、外墙均按净长计算。

② 女儿墙应该按中心线长度计算，其高度算至女儿墙顶面。

③ 有混凝土压顶时，按楼板顶面算至压顶底面为准；无混凝土压顶时，按楼板顶面算至女儿墙顶面为准。

(2) 女儿墙开裂的主要原因

女儿墙开裂的主要原因是温度变形所致。女儿墙上的压顶圈梁一般在纵向的配筋值较低，不能起到控制开裂的作用。因此在压顶收缩的驱使下，女儿墙上部砌体开裂有加剧的趋势。

楼盖板和圈梁受保温隔热层的保护，年温差变化不大，胀缩变形相对很小，可近似视为固定底盘，对女儿墙的变形具有较强的制约作用。该种制约随女儿墙高度的增加而逐渐减弱。

(3) 女儿墙最大悬臂高度的计算

一般情况下女儿墙根部设有混凝土梁、板或圈梁，可视其为墙体的固接支座；墙体顶部为自由端，不存在支承点之间的相对位移所产生的影响，从而可将女儿墙简化为一个静定悬臂构件。且女儿墙重力远小于顶层的重力，在地震力的作用下，女儿墙的受力机理等效于集中力作用于自由端处的悬臂构件。构件破坏面出现在女儿墙根部，呈通缝状，属弯曲受拉破坏，按受弯构件承载力计算，砖混结构中女儿墙地震力取值仅考虑墙体自身重量，忽略自振周期、特征周期和阻力调整系数的影响。

(4) 女儿墙的抗震设计

当计算女儿墙的水平地震力时，未沿用底部剪力法中常规的自重乘以 3 的放大系数的算法，而是采用等效侧力法即单质点非结构构件的抗震简化计算方法。等效侧力法计算水平地震作用取标准值，计算中考虑非结构构件功能系数、类别系数、状态系数和位置系数，非结构构件的重力，水平地震影响系数最大值。

确定构造柱间距时由于摩擦力不作为抵抗地震作用的抗力，则假设底部断面破坏后，我们可将构造柱间的墙体视为水平简支梁或连续梁，构造柱视为墙体的支座进行计算。构造柱最大间距为 3.75m，女儿墙是不能算建筑面积的。

6.2.1.2 女儿墙压顶

女儿墙压顶是指在女儿墙最顶部现浇混凝土（内配 2 条通长细钢筋），用来压住女儿墙，使之连续性、整体性更好。压顶既可当动词，又可以当名词，当动词时，就是压住女儿墙的意思；当名词时，它也是女儿墙的一部分，只不过是压在最顶部的。

6.2.2 屋面工程量

6.2.2.1 平屋面工程量

①屋面面积；②找平层；③保温层；④屋面卷材防水；⑤铁皮；⑥UPVC 雨水斗；⑦铸铁落水口；⑧UPVC 弯头；⑨排水管。

6.2.2.2 屋面工程量计算方法

（1）屋面面积

瓦屋面、型材屋面（包括挑檐部分）屋面面积均按设计图示尺寸水平投影面积乘以屋面坡度系数（见屋面坡度系数表）以斜面积计算。不扣除房上烟囱、风帽底座、风道、屋面小气窗和斜沟等所占面积。屋面小气窗出檐与屋面重叠部分的面积不增加，但天窗出檐部分重叠的面积计入相应的屋面工程量内。瓦屋面的出线、披水、捎头抹灰、脊瓦加腮等工、料均不另计算。

（2）屋面防水面积

屋面卷材防水、屋面涂膜防水按设计图示尺寸按面积以平方米计算。斜屋顶（不包括平屋顶找坡）按图示尺寸的水平投影面积乘以屋面坡度延尺系数按斜面积以平方米计算，平屋顶按水平投影面积计算，由于屋面泛水引起的坡度延长不另考虑。不扣除房上烟囱、风帽底座、风道、屋面小气窗和斜沟所占面积，其根部弯起部分不另计算。屋面的女儿墙、伸缩缝和天窗等处的弯起部分，并入屋面工程量内。天窗出檐部分重叠的面积应按图示尺寸以平方米计算，并入卷材屋面工程内。如图纸未注明尺寸，伸缩缝、女儿墙可按 25cm 计算，天窗处按 50cm 计算。涂膜屋面的工程量计算同卷材屋面。涂膜屋面的油膏嵌缝、玻璃布盖缝、屋面分隔缝，以延长米计算。屋面抹水泥砂浆找平层的工程量与卷材屋面相同。屋面保温层的工程量与卷材屋面相同。屋面工程量中铁皮、UPVC 雨水斗，铸铁落水口，铸铁、UPVC 弯头、短管，铅丝网球按个计算。屋面排水管按设计图示尺寸以展开长度计算。如设计未标注尺寸，以檐口下皮算至设计室外地平以上 15cm 为止，下端与铸铁弯头连接者，算至接头处。

6.2.3 案例实操

在 CAD 软件中打开建施中的屋顶平面图（图 6-3），在图中分别定位到女儿墙和压顶的内外边线，女儿墙的厚度为压顶内外边线间的距离。分别依据施工图确定各部分详细的尺寸信息。如图 6-4、图 6-5 所示。

查询工程设置中的楼层设置，屋面层层高是 900mm。切换到屋面层，找到导航树里面的砌体墙，新建墙命名为女儿墙或女儿墙实心砖墙，厚度为 240mm。绘制墙体可采用直线绘制或智能布置。这里可采用直线绘制方式，设定起点和终点，绘制出墙体。绘制墙体过程及菜单栏对话框设置如图 6-6 所示。

可通过楼层信息查看对话框，以及查看和设置相关参数，过程如图 6-7 所示。

可设置女儿墙，并通过对话框查看和设置相关参数，过程如图 6-8、图 6-9 所示。

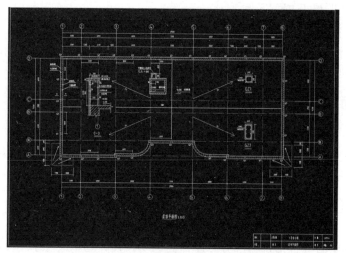

图 6-3　屋顶平面图

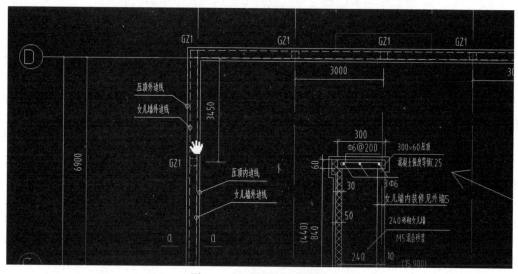

图 6-4　屋顶细部构造详图

绘制墙体，并通过对话框查看和设置相关参数，过程如图 6-10 所示。

墙体还可以通过智能布置方式建模，过程见图 6-11、图 6-12。

接下来，绘制压顶，这里的压顶用圈梁来绘制。在"圈梁"下选择"新建矩形圈梁"，名称命名为"压顶"。分别设置截面宽度和截面高度，如图 6-13 所示。

如图 6-14 所示为新建矩形截面圈梁。

如图 6-15 所示，在压顶属性定义设置框内进行压顶属性参数定义。

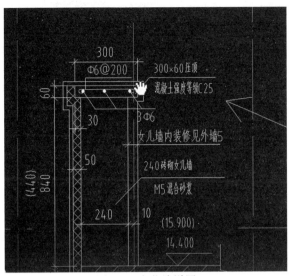

图 6-5　女儿墙详图

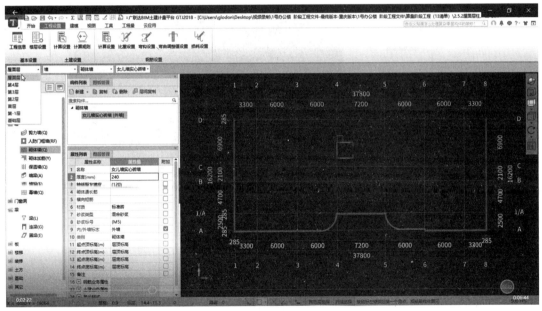

图 6-6　墙体绘制

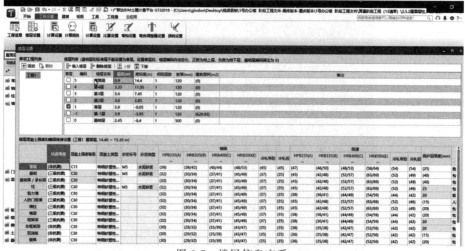

图 6-7 楼层信息查看

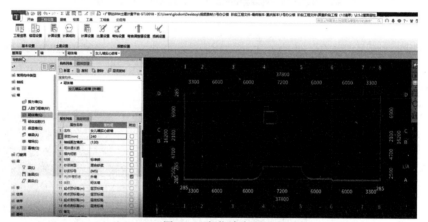

图 6-8 女儿墙定义

图 6-9 女儿墙属性定义

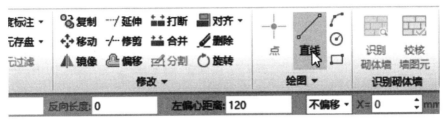

图 6-10　墙体绘制方式（直线）

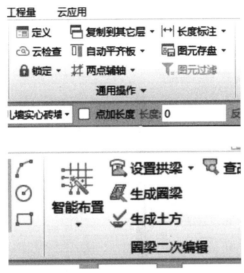

图 6-11　墙体绘制方式（智能布置）

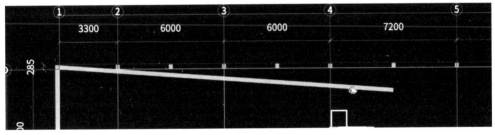

图 6-12　墙体绘制

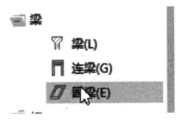

图 6-13　压顶命名

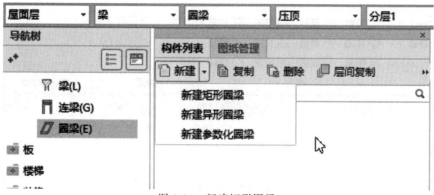

图 6-14　新建矩形圈梁

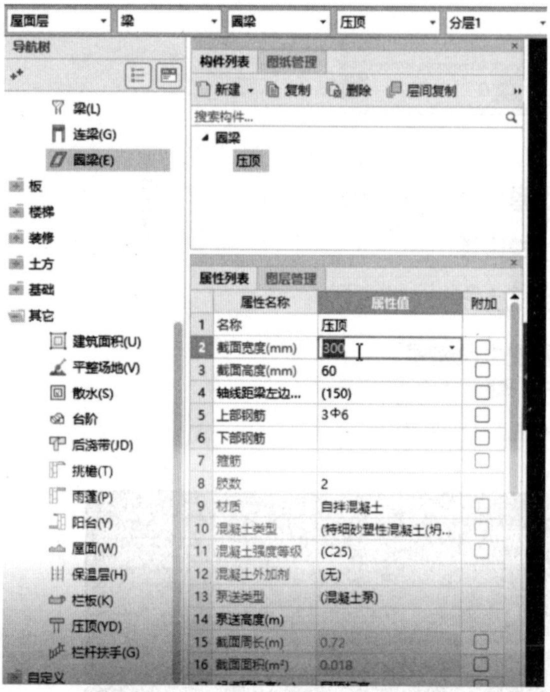

图 6-15　压顶属性定义

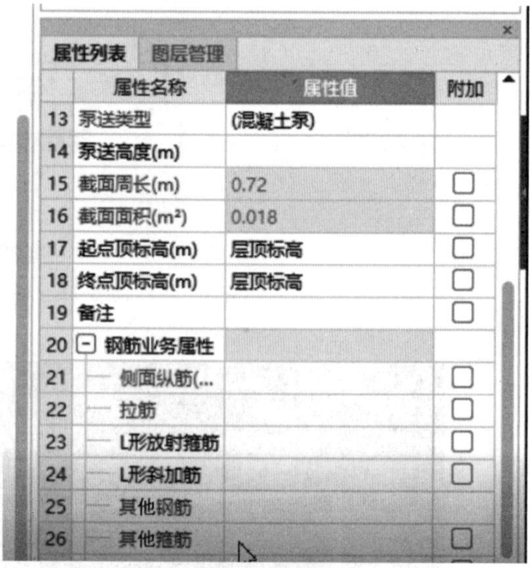

图 6-16　钢筋设置

在其他钢筋中单击后面的按钮设置钢筋，如图 6-16 所示。

如图 6-17 所示，在箍筋设置对话框内进行相关参数的设置。

如图 6-18 所示，在箍筋设置对话框内进行相关参数的设置。

如图 6-19 所示，在钢筋弯钩设置对话框内进行相关参数的设置。

在弹出的对话框中打开"钢筋特征"中的"弯折"，在下拉菜单中选择相应的弯折类型，这里选择"两个弯折""90°弯折，带两个弯钩"。如图 6-20 所示，选择弯折和弯钩相关类型，在对话框内进行相关参数的设置。

在其他箍筋对话框中分别录入箍筋信息和相应尺寸。如图 6-21、图 6-22 所示进行箍筋定义。

图 6-17　箍筋设置对话框

图 6-18　设置箍筋

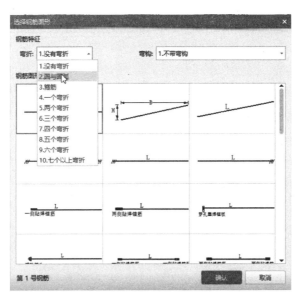

图 6-19　钢筋弯钩设置

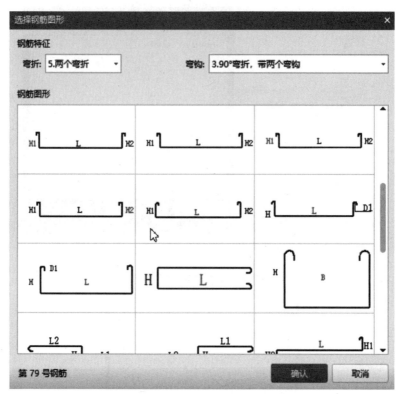

图 6-20　选择弯折和弯钩类型

图 6-21　箍筋定义

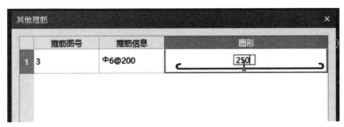

图 6-22　箍筋设置

压顶的绘制可以采用"智能布置"中的按"墙中心线"布置，如图 6-23、图 6-24 所示。

图 6-23　智能布置

图 6-24　按墙中心线智能布置

选择或拉框选择相应的墙体，单击右键，如图 6-25～图 6-27 所示。

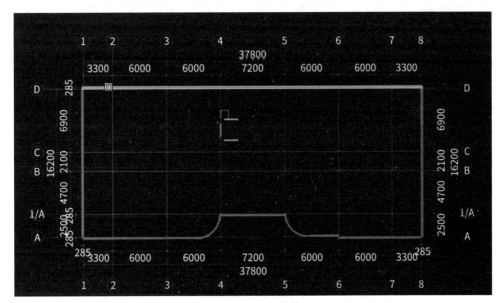

图 6-25　选定墙体

选择后单击右键，如图 6-28 所示。

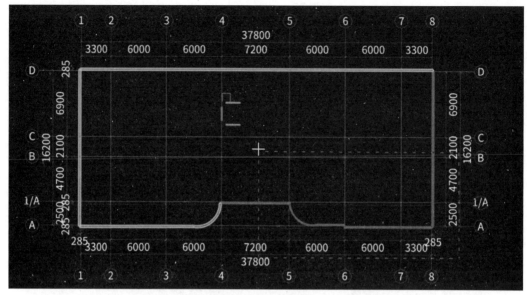

图 6-26　框选墙体

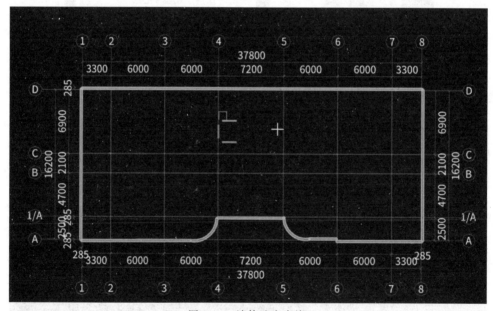

图 6-27　墙体选定完毕

选择三维视角进行查看，如图 6-29 所示。局部放大结果见图 6-30。

模型整体三维效果如图 6-31 所示。

在设计说明（图 6-32）中按工程做法中屋面构造设置屋面。打开"其他"中的"屋面"，新建屋面，绘制方法有点、直线、矩形、智能布置等方式。如图 6-33 所示，新建屋面层。建模方式可分别选择如图 6-34～图 6-37 方式建模。

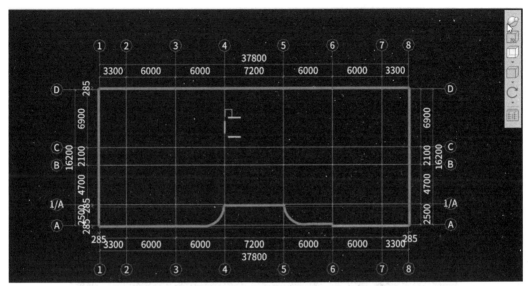

图 6-28 单击右键

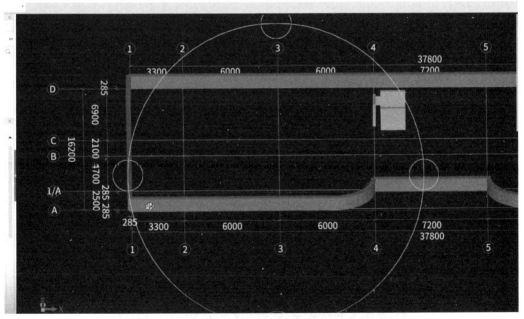

图 6-29 三维视角查看

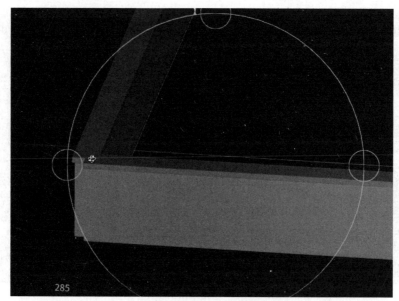

图 6-30　三维视角查看结果放大

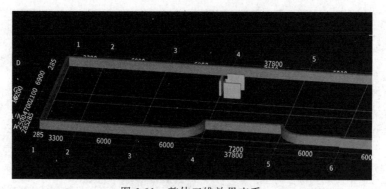

图 6-31　整体三维效果查看

图 6-32　屋面设计说明查看

图 6-33　新建屋面层

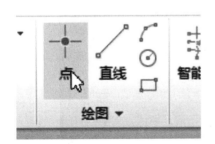

图 6-34　按点绘制

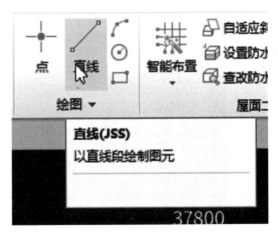

图 6-35　按直线绘制

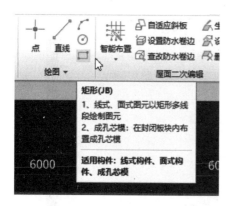

图 6-36　按矩形绘制

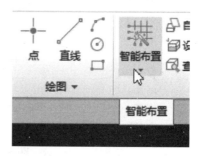

图 6-37　智能布置

如图 6-38、图 6-39 所示进行框选。完成后如图 6-40 所示。

图 6-38　绘制框选

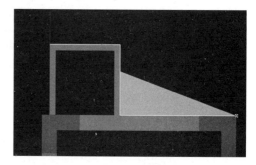

图 6-39　依次框选

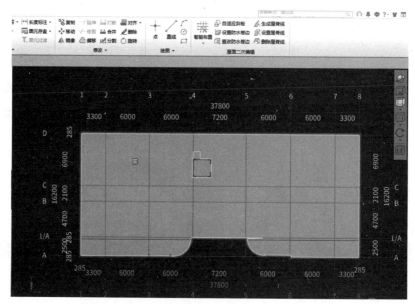

图 6-40　框选完成

单击"设置防水卷边",然后选中指定屋面。如图 6-41、图 6-42 所示。

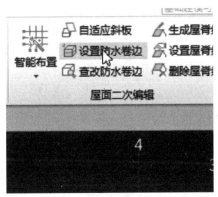

图 6-41　设置防水卷边

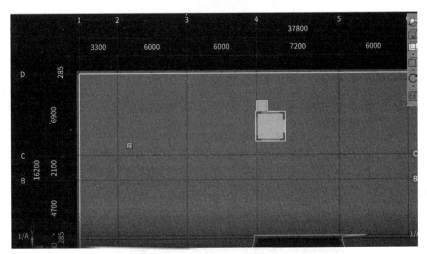

图 6-42　选中指定屋面

单击鼠标右键,设置卷边高度,如图 6-43 所示。

图 6-43　设置卷边高度

如图 6-44、图 6-45 所示，查看模型三维视角。

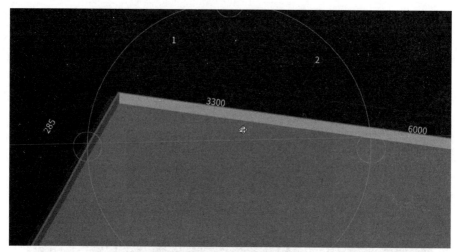

图 6-44　三维视角查看

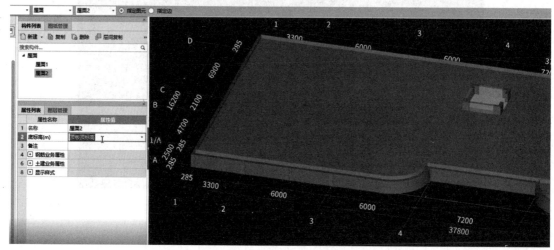

图 6-45　整体三维视角

在底标高中重新设置高度，如图 6-46 所示，模型三维视角见图 6-47。

属性列表	图层管理	
	属性名称	属性值
1	名称	屋面2
2	底标高(m)	14.4
3	备注	
4	⊕ 钢筋业务属性	
6	⊕ 土建业务属性	

图 6-46　屋面底标高设置

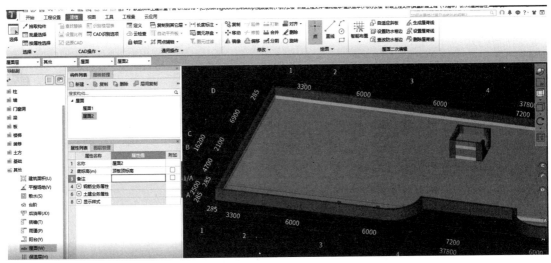

图 6-47　三维视角结果查看

屋面层工程量计算

第 7 章

装修及零星工程量计算

本章学习要求：

1. 理解装修及零星工程的基本概念；
2. 掌握装修及零星工程计量的基本方法；
3. 掌握装修及零星工程计量软件应用。

7.1 装修工程量计算

7.1.1 基本概念

装修工程量主要包括楼地面、天棚、墙面、踢脚、吊顶及房间中添加的各类依附构件，需要分别统计楼体内各楼层的装修工程量，进行汇总。

① 楼地面：楼地面建筑构造一般是指楼板层、钢筋混凝土楼板、顶棚、阳台、雨篷等楼地面的建筑相关构造与组成。

② 天棚：是指建筑施工过程中，在楼板底面直接喷浆、抹灰，或粘贴装饰材料，一般用于装饰性要求不高的住宅、办公楼等民用建筑装修。

③ 墙面：墙身的外表饰面，分为室内墙面和室外墙面。

④ 踢脚：是外墙内侧和内墙两侧与室内地坪交接处的构造。踢脚的一方面作用是防止扫地时污染墙面，另一方面主要作用是防潮和保护墙脚。踢脚材料一般和地面材料相同。踢脚的高度一般在 120～150mm。

⑤ 吊顶：悬挂于楼板或者屋盖承重结构下表面的顶棚称为吊顶。

7.1.2 计算规则

（1）内墙面抹灰工程量计算

内墙面抹灰工程量，等于内墙面长度乘以内墙面的抹灰高度以平方米计算。扣除门窗洞口和空圈所占的面积，不扣除踢脚板、挂镜线、$0.3m^2$ 以内的孔洞和墙与构件交接处的面积，洞口侧壁和顶面亦不增加。墙垛和附墙烟囱侧壁面积与内墙抹灰工程量合并计算。

内墙面抹灰的长度，以主墙间的图示净长尺寸计算。

内墙面抹灰高度：无墙裙的，按室内地面或楼面至天棚底面之间距离计算；有墙裙的，按墙裙顶至天棚底面之间的距离计算。

板条天棚的内墙抹灰，其高度按室内地面或楼面至天棚底面另加 100mm 计算。

（2）外墙面抹灰工程量计算

① 外墙面抹灰工程量按外墙面的垂直投影面积以平方米计算。应扣除门窗洞口、外墙裙和大于 0.3m² 孔洞所占面积，洞口侧壁面积不另增加。附墙垛、梁、柱侧面抹灰面积并入外墙面抹灰工程量内计算。外墙面高度均由室外地坪算起，向上算至：平屋顶有挑檐（天沟）的，算至挑檐（天沟）底面；平屋顶无挑檐（天沟）、带女儿墙的，算至女儿墙压顶底面；坡屋顶带檐口天棚的，算至檐口天棚底面；坡屋顶带挑檐无檐口天棚的，算至屋面板底；跨出檐者，算至挑檐上表面。

② 外墙裙抹灰面积按其长度乘以高度计算，扣除门窗洞口和大于 0.3m² 孔洞所占的面积，门窗洞口及孔洞的侧壁不增加。

③ 窗台线、门窗套、挑檐、腰线、遮阳板等展开宽度在 300mm 以内者，按装饰线以延长米计算，如展开宽度超过 300mm 以上时，按图示尺寸以展开面积计算，套零星抹灰定额项目。

④ 栏板、栏杆抹灰按立面垂直投影面积乘以系数 2.2 计算。

⑤ 阳台底面抹灰按水平投影面积以平方米计算，并入相应天棚抹灰面积内。阳台如带悬臂梁者，其工程量应再乘以系数 1.30。

⑥ 雨篷底面或顶面抹灰分别按水平投影面积以平方米计算，并入相应天棚抹灰面积内。雨篷顶面带反檐或反梁者，其工程量乘以系数 1.20；底面带悬臂梁者，其工程量乘以系数 1.20。雨篷外边线按相应装饰或零星项目执行。

⑦ 墙面勾缝按垂直投影面积计算，应扣除墙裙和墙面抹灰的面积，不扣除门窗洞口、门窗套、腰线等零星抹灰所占的面积，附墙柱和门窗洞口侧面的勾缝面积亦不增加。独立柱、房上烟囱勾缝，按图示尺寸以平方米计算。

（3）外墙装饰抹灰工程量计算

① 外墙各种装饰抹灰均按图示尺寸以实抹面积计算。应扣除门窗洞口空圈的面积，其侧壁面积不另增加。

② 挑檐、天沟、腰线、栏杆、栏板、门窗套、窗台线、压顶等均按图示尺寸展开面积以平方米计算，并入相应的外墙面积内。

（4）块料面层工程量计算

① 墙面贴块料面层均按图示尺寸以实贴面积计算。

② 墙裙以高度在 1500mm 以内为准，超过 1500mm 时按墙面计算，高度低于 300mm 时，按踢脚板计算。

（5）墙面其他装饰工程量计算

① 木隔墙、墙裙、护壁板，均按图示尺寸长度乘以高度按实铺面积以平方米计算。

② 玻璃隔墙按上横档顶面至下横档底面之间的高度乘以宽度（两边立挺外边线之间）以平方米计算。

③ 浴厕木隔断按下横档底面至上横档顶面高度乘以图示长度以平方米计算，门槛面积并入隔断面积内计算。

④ 铝合金、轻钢隔墙、幕墙按四周框外围面积计算。

（6）独立柱装饰工程量计算

独立柱一般抹灰、装饰抹灰，镶贴块料的工程量按柱周长乘以柱高计算。柱面装饰面积按展开面积，即按柱外围饰面尺寸乘以柱高以平方米计算。

7.2 零星工程量计算

7.2.1 基本概念

(1) 平整场地

平整场地是指室外设计地坪与自然地坪平均厚度在±0.3m 以内的就地挖、填、找平，平均厚度在±0.3m 以外执行土方相应定额项目。平整场地按建筑物首层面积（地下室单层建筑面积大于首层建筑面积时，按地下室最大单层建筑面积）以平方米计算。

(2) 建筑面积

建筑面积是指建筑物各层水平面积的总和，包括使用面积、辅助面积和结构面积。使用面积是指建筑物各层平面中直接为生产和生活使用的净面积。辅助面积是指建筑物各层平面中为辅助生产或辅助生活所占的净面积，例如居住建筑物中的楼梯、走道、厕所、厨房所占的面积。使用面积和辅助面积的总和称为有效面积。结构面积是指建筑物各层平面中墙、柱等结构所占的面积。

(3) 挑檐

挑檐是指屋面（楼面）挑出外墙的部分，一般挑出宽度不大于 50cm。主要是为了方便做屋面排水，对外墙也起到保护作用。

(4) 雨篷

雨篷设置在建筑物进出口上部的遮雨、遮阳篷。建筑物入口处和顶层阳台上部用以遮挡雨水和保护外门免受雨水侵蚀的水平构件。雨篷梁是典型的受弯构件。雨篷有三种形式。

① 小型雨篷：悬挑式雨篷、悬挂式雨篷。

② 大型雨篷：墙或柱支承式雨篷，一般可分为玻璃钢结构和全钢结构。

③ 新型组装式雨篷。

(5) 台阶

一般是指用砖、石、混凝土等筑成的一级一级供人上下的构筑物，多在大门前或坡道上。

(6) 散水

散水是指房屋外墙四周的勒脚处（室外地坪上）用片石砌筑或用混凝土浇筑的有一定坡度的散水坡。散水的作用是迅速排走勒脚附近的雨水，避免雨水冲刷或渗透到地基，防止基础下沉，以保证房屋的巩固耐久。散水宽度宜为 600～1000mm，当屋檐较大时，散水宽度要随之增大，以便使屋檐上的雨水都能落在散水上并迅速排散。散水的坡度一般为 5%，外缘应高出地坪 20～50mm，以便使雨水排出流向明沟或地面他处散水，与勒脚接触处应用沥青砂浆灌缝，以防止墙面雨水渗入缝内。

(7) 栏杆

栏杆是建筑上的安全设施。栏杆在使用中起分隔、导向的作用，使被分割区域边界明确清晰。

7.2.2 计算规则

(1) 平整场地

① 清单规则：按设计图示尺寸以建筑物首层面积计算。

② 定额规则：按设计图示尺寸以建筑物外墙外边线每边各加 2m 按面积以平方米计算。

计算公式：　　　　　$S = (A+4) \times (B+4) = S_{底} + 2L_{外} + 16$

式中　S——平整场地工程量；

　　　A——建筑物长度方向外墙外边线长度；

　　　B——建筑物宽度方向；

(2) 建筑面积

单层建筑物的建筑面积，应按其外墙勒脚以上结构外围水平面积计算。单层建筑物高度在 2.2m 及以上者应计算全面积；层高不足 2.2m 者应计算 1/2 面积。

(3) 挑檐

挑檐天沟按实体积以立方米计算。当与板（包括屋面板、楼板）连接时，以外墙身外边缘为分界线；当与圈梁（包括其他梁）连接时，以梁外边线为分界线。外墙外边缘以外或梁外边线以外为挑檐天沟。挑檐天沟壁高度在 40cm 以内时，套用挑檐项目；挑檐天沟壁高度超过 40cm 时，按全高计算套用栏板项目。混凝土飘窗板、空调板执行挑檐项目，如单体小于 0.05m² 执行零星构件项目。

(4) 雨篷

雨篷面积：雨篷均按伸出墙外的水平投影面积计算，嵌入墙内的梁应按相应子目另列项目计算。

雨篷体积：雨篷按设计图示尺寸以墙外部分体积计算；包括伸出墙外的牛腿和雨篷反挑檐的体积；嵌入墙内的梁应按相应子目另列项目计算。凡墙外有梁的雨篷，执行有梁板基价。

(5) 台阶

台阶整体水平投影面积与踏步整体面层面积是不同的两个量。

① 台阶整体水平投影面积：是台阶的水平投影面积。

② 踏步整体面层面积：是台阶＋台阶最上边踏步顶边线向内＋300mm 的面积。

③ 平台水平投影面积：是台阶平台的水平投影面积。

④ 踏步块料面层面积：是踏步整体面层面积＋台阶侧面面积。

⑤ 踏步水平投影面积：与台阶整体水平投影面积一样，是台阶的水平投影面积。

(6) 散水

现浇混凝土散水、坡道按设计图示尺寸以面积计算。不扣除单个 0.3m² 以内的空洞所占面积；扣除坡道、台阶所占面积。

1）散水面积＝散水中心线长度×散水宽度。

2）采用分块计算的方法计算。

① 素土垫层＝散水面积×垫层厚度；

② 灰土垫层＝散水面积×垫层厚度；

③ 混凝土垫层＝散水面积×垫层厚度；

④ 散水伸缩缝＝（散水中心线长度/设置伸缩缝间隔长度－1）×散水宽度。

(7) 栏杆

栏杆按净长度以延长米计算。伸入墙内的长度已综合在定额内。栏板按体积以立方米计算，伸入墙内的栏板，合并计算。

7.2.3　软件操作

单击菜单中的"建模"，选中导航树下"装修"中的"楼地面"，单击"新建楼地面"，分别设置楼地面的相应信息。

导航树里可找到各类图元对象，如图 7-1 所示。

按施工图建立楼地面，如图 7-2 所示。

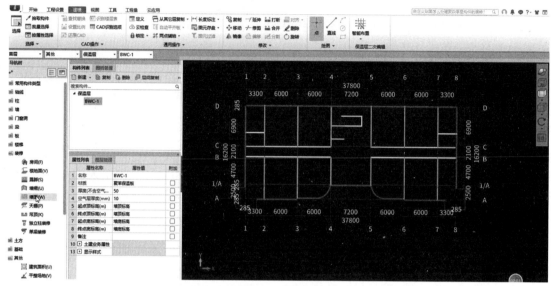

图 7-1　导航树

在楼地面属性中设置相应信息，如图 7-3 所示。

图 7-2　新建楼地面

图 7-3　设置楼地面信息

单击"装修"下的"踢脚"→"新建踢脚"，设置踢脚的相应信息，如图 7-4 所示。

单击"装修"下的"房间"，按平面图中的房间类型分别新建不同的部分，并命名。可根据各区域功能分区分别定义各个房间，如图 7-5、图 7-6 所示。

如图 7-7 所示，分别针对各类型房间进行定义。

在如图 7-8 所示的对话框中添加依附构件。

走廊部分见图 7-9。

防水卷边需要单独设置，如图 7-10 所示。

框选需要设置防水卷边的区域，如图 7-11 所示。

图 7-4　新建踢脚

装修工程

图 7-5　房间定义

建立保温层并进行设置，如图 7-12、图 7-13 所示。

图 7-6　房间信息定义

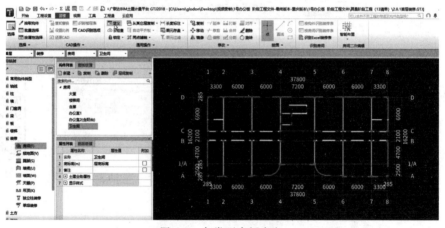

图 7-7　各类型房间定义

图 7-8　依附构件添加

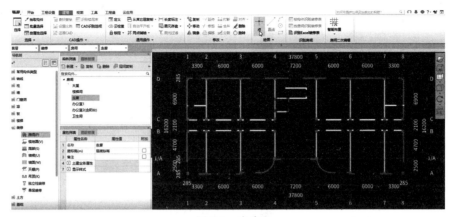

图 7-9　走廊

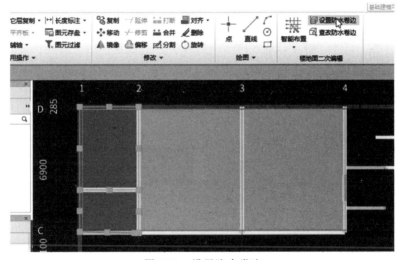

图 7-10　设置防水卷边

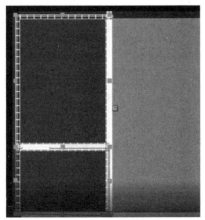

图 7-11　框选

图 7-12　新建保温层

图 7-13　保温层设置

可选择智能布置方式按外墙外边线布置，如图 7-14、图 7-15 所示。按施工图建立墙面并设置墙面信息，如图 7-16、图 7-17 所示。

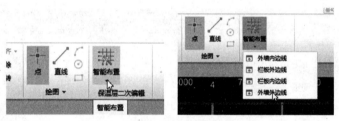

图 7-14　智能布置（按外墙外边线）

图 7-15　选择需布置楼层

图 7-16　新建墙面

图 7-17 设置墙面信息

进行建筑面积设置和定义如图 7-18、图 7-19 所示。

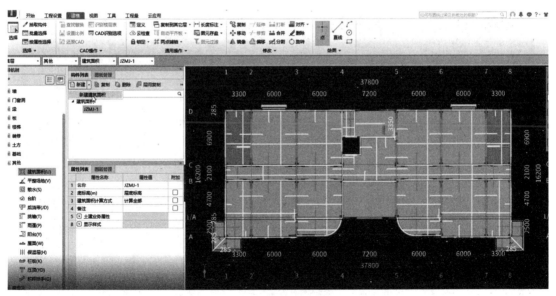

图 7-18 建筑面积

点选图 7-20 中所示范围。

框选后单击右键，选择汇总选中图元，见图 7-21。

各类工程量查询如图 7-22 所示。

平整场地及其工作量设置见图 7-23、图 7-24。

挑檐的定义与设置，如图 7-25 所示。

图 7-19　建筑面积设置

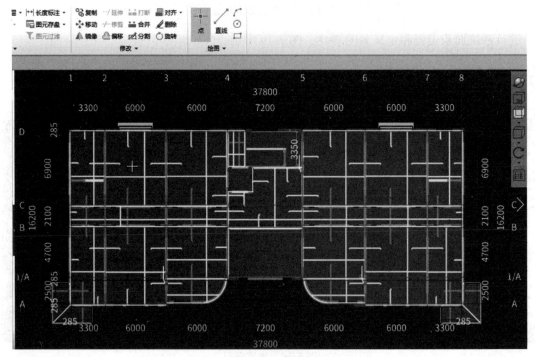

图 7-20　点选

挑檐的建立与定义见图 7-26。

可定义异形截面挑檐并进行钢筋绘制，如图 7-27、图 7-28 所示。

雨篷的定义与设置过程见图 7-29。

板的设置与定义，如图 7-30 所示。

台阶的设置，如图 7-31 所示。

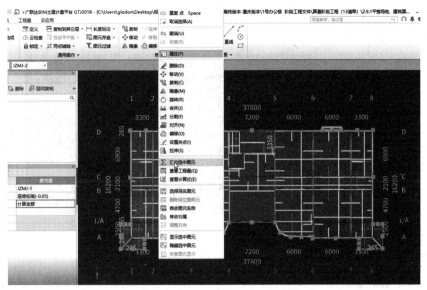

图 7-21　汇总选中图元

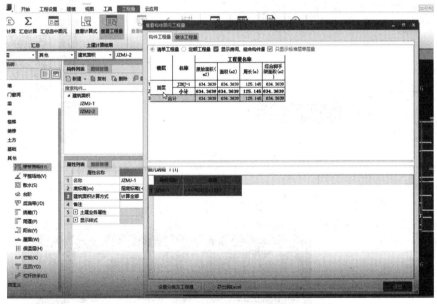

图 7-22　查看构件图元工程量

建筑面积

散水定义与设置见图 7-32。

散水及散水设置界面设置如图 7-33 所示。

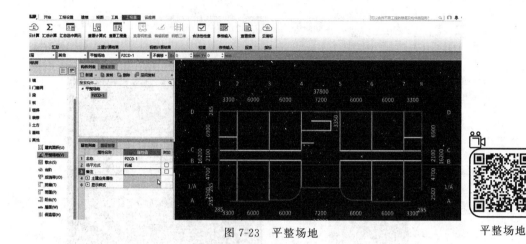

图 7-23 平整场地

平整场地

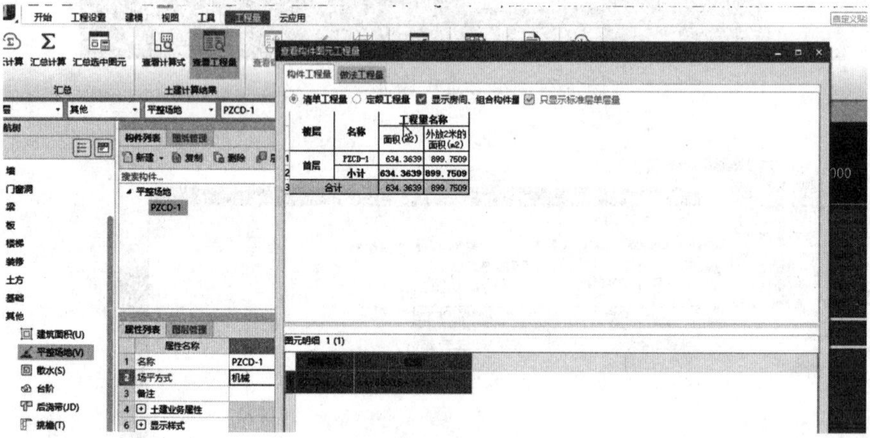

图 7-24 查看平整场地工程量

零星工程
量计算—
平整场地

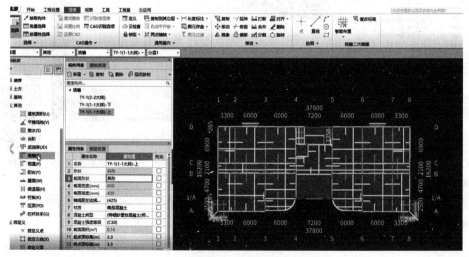

图 7-25 挑檐

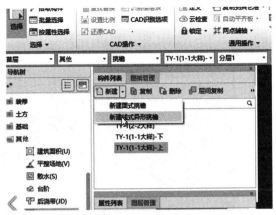

图 7-26　新建挑檐

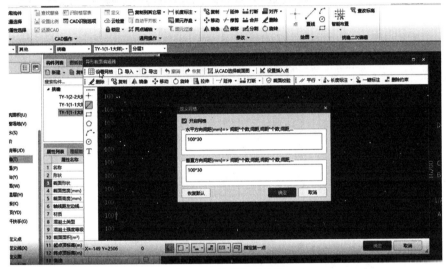

图 7-27　异形截面设置

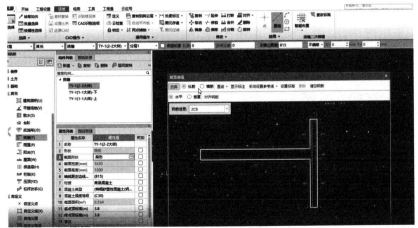

图 7-28　异形截面纵筋绘制

零星工程
量计算
-挑檐

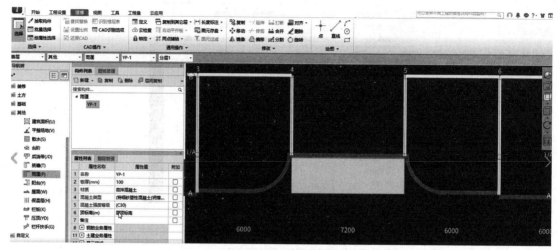

图 7-29　雨篷

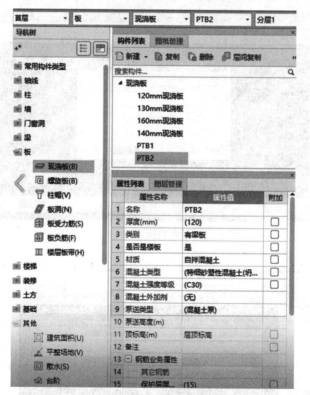

图 7-30　板的设置

零星工程量
计算—雨篷

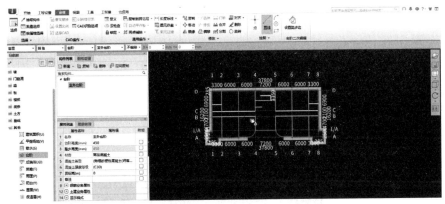

图 7-31　台阶

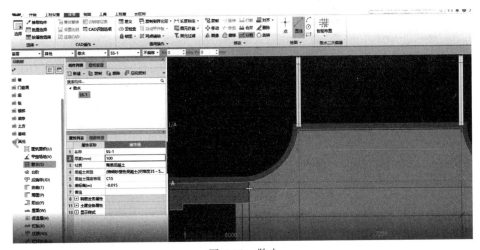

图 7-32　散水

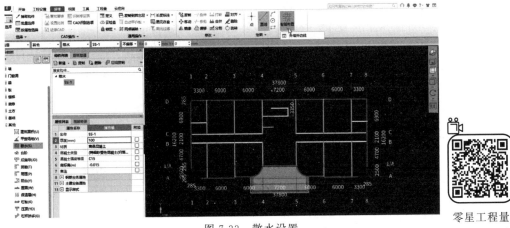

图 7-33　散水设置

零星工程量
计算—台阶散水

7.3 建筑工程汇总计算

完成工程模型后，如果需要查看构件工程量时要进行汇总计算。在菜单栏中单击"工程量"下拉菜单里的"汇总计算"，弹出"汇总计算"提示框，选择需要汇总的楼层、构件及汇总项，单击"确定"按钮进行计算汇总。楼层显示设置对话框见图 7-34。

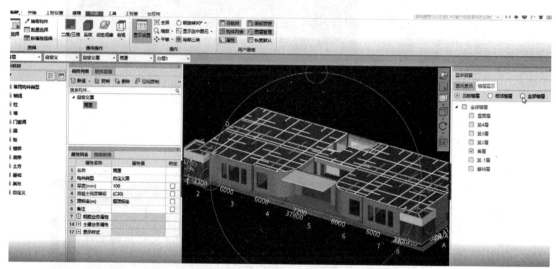

图 7-34　楼层显示设置

在显示设置里选择全部楼层，如图 7-35 所示。

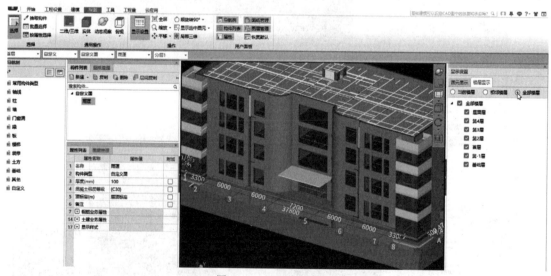

图 7-35　显示全部楼层

单击"工程量"菜单下的"汇总计算"，如图 7-36 所示。

在如图 7-37 的对话框中可选择汇总全楼。单击"确定"弹出如图 7-38 所示对话框。也可分别选择需要查看的楼层。在图 7-39 所示对话框中可分项进行汇总计算。

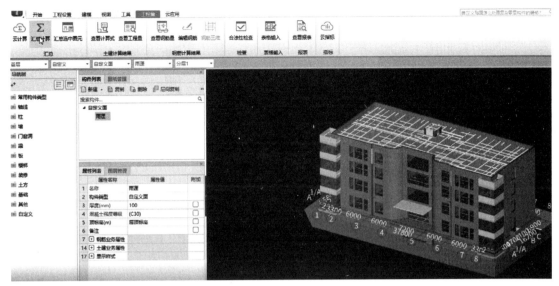

图 7-36 汇总计算

图 7-37 选择汇总范围

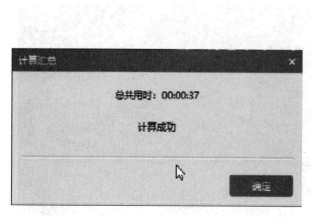

图 7-38 计算汇总结束

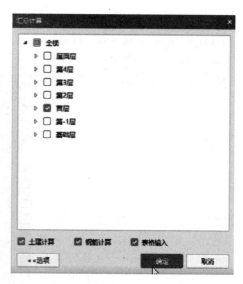

图 7-39 可分项进行汇总计算

　　钢筋计算结果中可以查看钢筋量、编辑钢筋，打开钢筋三维视角，如图 7-40～图 7-43 所示。

图 7-40 工程量查看

汇总计算

钢筋量列表中显示钢筋量的详细信息，如图 7-42 所示。

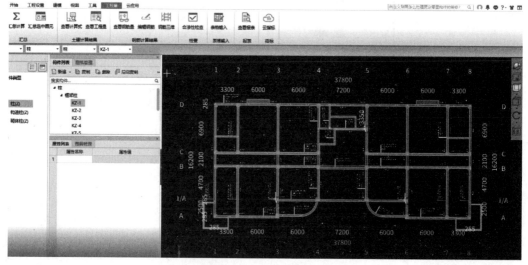

图 7-41 查看工程量

| 楼层名称 | 构件名称 | 钢筋总重量 (kg) | HPB300 | | 8 | 10 | 12 | 14 | 16 |
			6	合计					
34	YBZ人[1754]	203.116				87.52			
35	YBZ2[1739]	244.222				109.36			
36	YBZ2[1770]	244.222				109.36			
37	TZ1[2133]	44.204				16.682			27.622
38	GZ-1[10993]	21.026	4.41	4.41			16.616		
39	GZ-1[10996]	21.026	4.41	4.41			16.616		
40	GZ-1[10998]	21.026	4.41	4.41			16.616		
41	GZ-1[11000]	21.026	4.41	4.41			16.616		
42	GZ-1[11002]	21.026	4.41	4.41			16.616		
43	GZ-1[11003]	21.026	4.41	4.41			16.616		
44	GZ-1[11005]	21.026	4.41	4.41			16.616		

图 7-42　钢筋量查看

　　可对钢筋进行编辑，设置修改钢筋详细信息。同时可结合三维钢筋视角进行设置，更加直观准确，如图 7-43 所示。同时可打开"钢筋三维"查看功能进行查看，如图 7-44 所示。

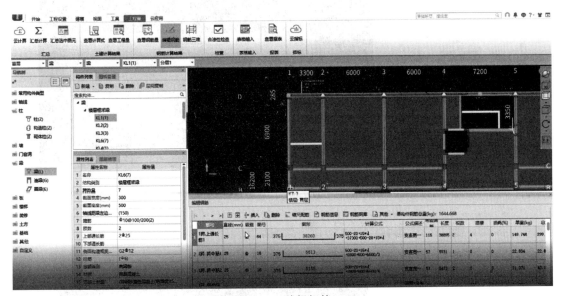

图 7-43　编辑钢筋

　　也可按工程部位来查看对应部位的工程量。可分别查看指定部位的工程量，如图 7-45 所示。

　　在图 7-46、图 7-47 中的对话框中可分别查看相关计算式。

　　可单击"显示详细计算式"查看工程量详细计算过程。如图 7-48 所示。

　　在图 7-49 所示的对话框中可查看指定部位的工程量。

　　构件工程量如图 7-50 所示。

　　整个工程都完成了模型绘制工作，即将进入整个工程的工程量汇总工作，为了保证算量结果的正确性，希望对整个楼层进行检查，从而发现工程中存在的问题，方便进行修正。系统内部整合了云模型检查模块，可进行云模型检查，如图 7-51 所示。

图 7-44 打开"钢筋三维"查看

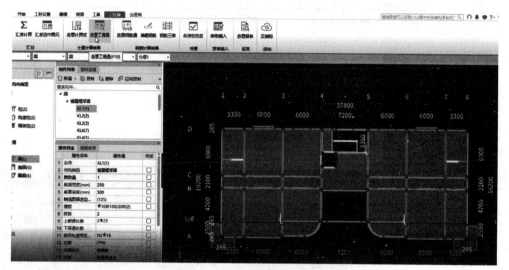

图 7-45 查看指定部位工程量

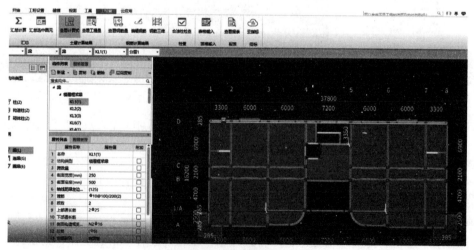

图 7-46 查看计算式

图 7-47　查看计算式对话框

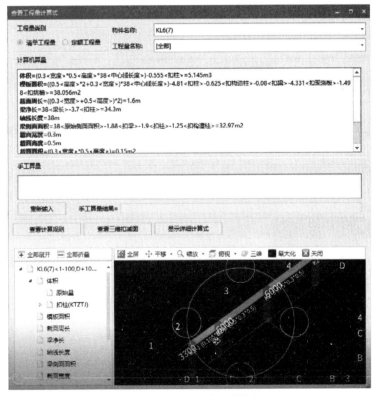

图 7-48　工程量详细计算式

图 7-49　查看指定部位工程量

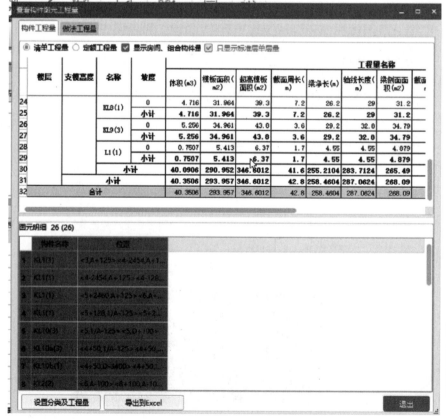

图 7-50　构件工程量

汇总计算

图 7-51　云模型检查

规则设置对话框内容见图 7-52。在如图 7-53 所示的对话框中可对云指标进行设置。

图 7-52　规则设置

报表显示对话框中可显示详细信息，如图 7-54 所示。

图 7-53　云指标设置

图 7-54　报表

汇总计算

第 8 章

BIM 建筑工程计价

本章学习要求：

1. 初步掌握招投标工程量清单计价的编制过程以及编制方法；
2. 了解并熟悉招标控制价的基本组成内容；
3. 掌握对广联达云计价平台 GCCP5.0 版本的基础运用。

8.1　工程量导入

8.1.1　新建工程

关于建筑工程计价的相关过程，以广联达云计价平台 GCCP5.0（以下简称 GCCP5.0）为例展开学习。

首先打开广联达 GCCP5.0，如图 8-1 所示，单击软件左上角"新建"，弹出对话框后单击"新建招投标项目"，并选择项目所在省份。

图 8-1　开始新建招投标项目

之后在"新建工程"对话框中，正确选择项目的计价方式，此处选择工程上常用的"清单计价"为例进行演示，并选择"新建招标项目"，如图 8-2 所示。

单击"新建招标项目"后，会自动弹出如图 8-3 所示对话框，此时需要进一步完善项目信息。在"项目名称"一栏给项目命名，其中"项目编码"可任意输入，"地区标准""定额标准"等信息均可在下拉菜单中选取当地最新的标准。确认无误之后，单击"下一步"进行后续工作。

图 8-2　选择计价方式

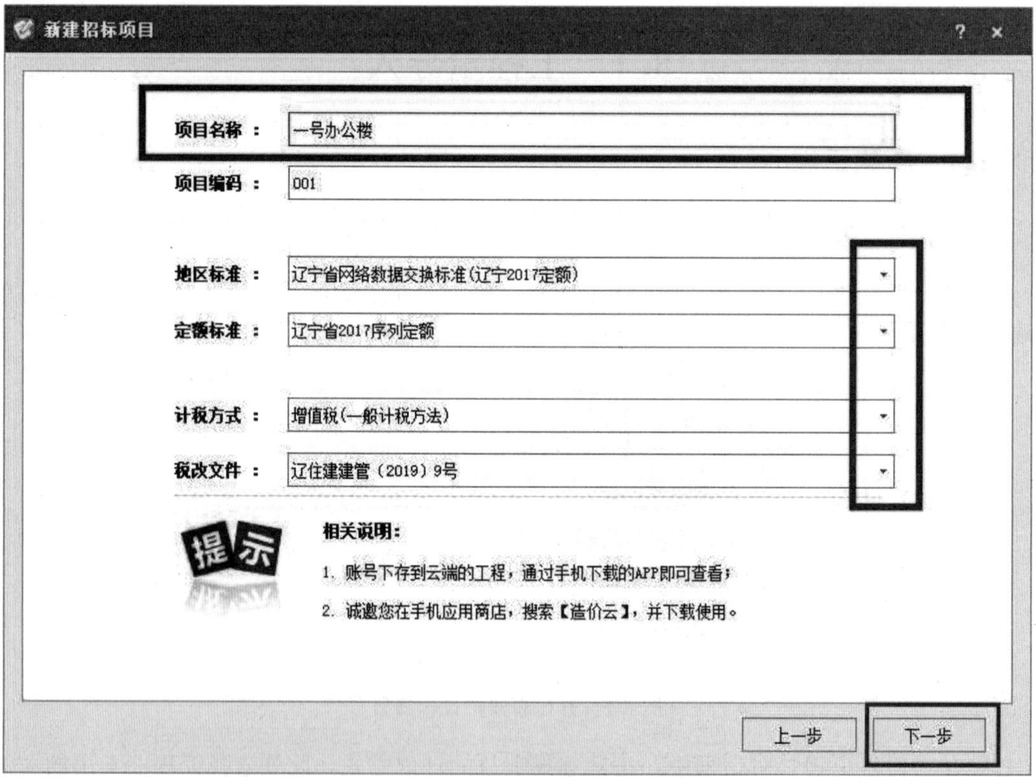

图 8-3　新建项目信息

新建的招标项目基本信息填写完成后，应进一步完善该项目下单项工程的信息。如图 8-4 所示，单击左上角"新建单项工程"，再单击"完成"，出现如图 8-5 所示对话框。在"单项名称"一栏为新建单项项目命名，"单项数量"的选择应与图纸所包含的单体建筑数量保持一致，

"单位工程"的内容应与项目实际情况相协调，在确认无误之后单击"确认"按钮即可进行下一步。

图 8-4　新建单项工程

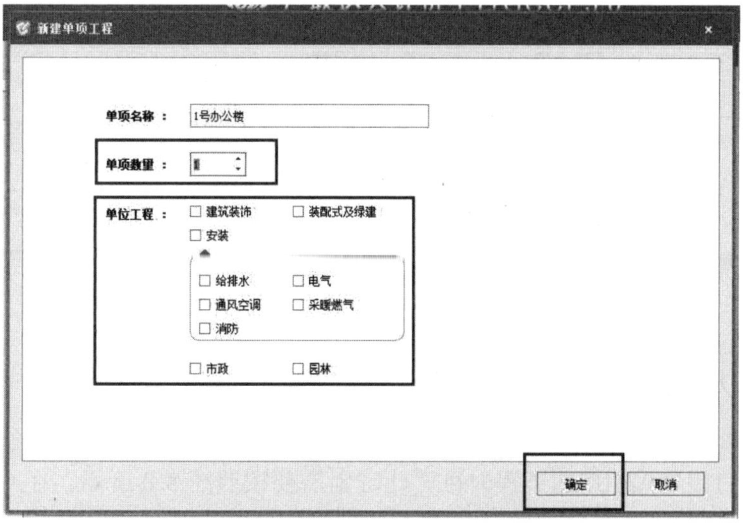

图 8-5　新建单项工程清单内容选择

之后软件会自动关联出单位工程，如图 8-6 所示，此时直接单击"完成"即可。

完成之后，软件将会自动弹出如图 8-7 所示的对话框，要求输入工程信息及特征，此时只需要按照图纸所含信息输入相关内容即可。需要注意的是，左侧标注叹号"！"的工程文件均为特征未全部填写的工程，待填写完毕之后叹号"！"则会自动消失，此时单击右下角的"确认"即可。

到此，新建招标工程项目的步骤就已完成。

工程量导入

图 8-6 新建项目清单内容

图 8-7 工程信息及特征的输入

8.1.2 导入工程量

在许多工程实际案例中，通常还会遇到另外一种情况，即在算量时已经套取相应的清单定额，进行计价时直接导入相应的工程即可。此时则需要按照图 8-8 所示，在 GCCP5.0 操作栏中单击"量价一体化"，在下拉菜单中选择"导入算量文件"。

单击之后，软件会自动弹出如图 8-9 所示对话框，选择对应的 GTJ 文件，单击"打开"按钮即可导入相应的工程。

在导入对应的 GTJ 文件之后，会出现如图 8-10 所示的对话框，并可在此进行检查和选择需要导入的清单项目，不需要的清单项目取消前方勾选即可。需要注意的是，如若单击右下角的"清空导入"，则会清除导入之前所套用的清单项，并不会对图 8-10 所示对话框中已选的清单项目进行清除。在确认无误之后，单击"导入"按钮，即可完成上述操作。

待出现图 8-11 所示对话框之后，单击"确定"按钮，导入工程量的操作完成。

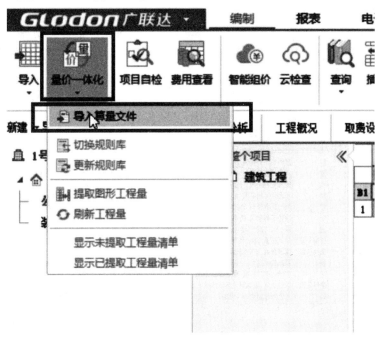

图 8-8 导入工程

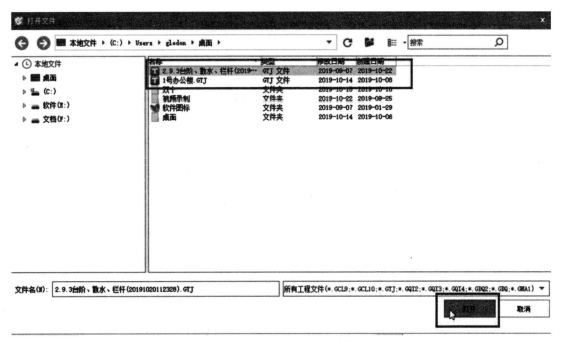

图 8-9 选择相应的 GTJ 文件

算量工程文件导入　　　　　? ✕

清单项目　措施项目
全部选择　全部取清

	导入	编码	类别	名称	单位	工程量
103	✓	010807001005	项	塑钢窗 C2424	m2	69.12
104	✓	AH0093	定	塑钢成品窗安装 外平开	100m2	0.6912 * 100
105	✓	AH0106	定	成品门窗塞缝	100m	1.152 * 100
106	✓	010807001006	项	塑钢窗 C5027	m2	40.5
107	✓	AH0093	定	塑钢成品窗安装 外平开	100m2	0.405 * 100
108	✓	AH0106	定	成品门窗塞缝	100m	0.462 * 100
109	✓	010807001007	项	金属(塑钢、断桥)窗	樘	219.1964
110	✓	AH0093	定	塑钢成品窗安装 外平开	100m2	2.191964 * 100
111	✓	AH0106	定	成品门窗塞缝	100m	3.350064 * 100
112	✓	010807007001	项	金属(塑钢、断桥)飘(凸)窗	m2	56.4
113	✓	AH0094	定	塑钢成品窗安装 飘凸	100m2	0.7104 * 100
114	✓	AH0106	定	成品门窗塞缝	100m	0 * 100
115	✓	010902001001	项	屋面卷材防水 （屋面1）	m2	606.5784
116	✓	AL0004	定	水泥砂浆找平层 厚度20mm 在填充材料上 现拌	100m2	6.065784 * 100
117	✓	AJ0013	定	改性沥青卷材 热熔法一层	100m2	6.396103 * 100
118	✓	AJ0014	定	改性沥青卷材 热熔法每增加一层	100m2	6.396103 * 100
119	✓	LE0141	定	银粉漆二道(不含防锈漆) 单层钢门窗	10m2	60.65784 * 10
120	✓	[2721]KB0062	借用子目	屋面保温 陶粒混凝土	10m3	24.26314 * 10
121	✓	[2721]KB0073 + ···	借换子目	屋面保温 硬泡聚氨酯现场喷发 厚度(mm) 50 实际厚度(mm):80	100m2	6.065784 * 100
122	✓	010902001003	项	屋面卷材防水 （屋面2）	m2	13.3584
123	✓	AL0004	定	水泥砂浆找平层 厚度20mm 在填充材料上 现拌	100m2	0.133584 * 100
124	✓	[2721]KB0073	借用子目	屋面保温 硬泡聚氨酯现场喷发 厚度(mm) 50	100m2	0.133584 * 100
125	✓	011101001001	项	水泥砂浆楼地面 （楼面1） ···	m2	1323.2934

清空导入　导入　关闭

图 8-10　导入清单项

图 8-11　工程导入成功

整理清单

8.1.3　项目清单的整理与完善

在工程项目清单成功导入之后，各项清单项是按默认顺序排列的，因此会导致个别项目无法完全显示，此时则需要对清单进行整理。如图 8-12 所示，在任务栏单击"整理清单"，在相应的下拉菜单中单击选择"分部整理"。

之后会弹出如图 8-13 所示对话框，即可按所选顺序对清单进行分类。此处为方便理解以勾选"需要专业分部标题"为例进行讲解，选择后单击"确定"按钮即可完成对清单的整理工作。同样地，如果想取消对清单项目的整理，重复上述步骤至出现图 8-13 所示对话框，单击"删除自定义分部标题"并单击"确定"按钮即可。

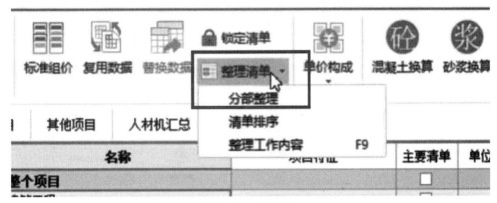

图 8-12　整理清单

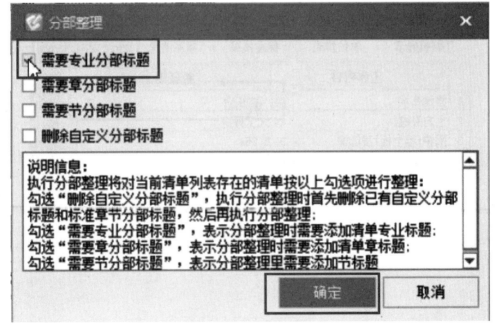

图 8-13　选择分部整理

　　待清单整理完成之后，可看到每一条清单中都包含一个"项目特征"。为了进一步完善项目清单的信息，应对每一条清单中所包含的项目特征进行描述，项目特征的描述主要有以下三种方法：

　　① 对于算量中已经包含项目特征描述的，先选择"特征及内容"一栏，再对清单目录下"项目特征"进行选择，最后单击"应用规则到全部清单"或"应用规则到所选清单"，即可对未作项目特征描述的清单实现项目特征描述，如图 8-14 所示。

　　② 直接选择清单项，在"特征及内容"里面，直接单击"特征值"一栏输入相应的内容进行修改，如图 8-15 所示。

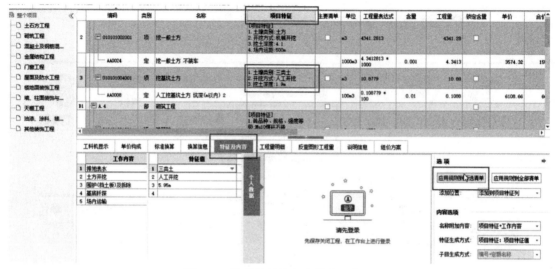

图 8-14　清单特征及内容描述方法一

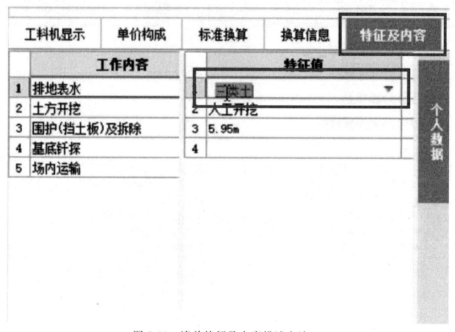

图 8-15　清单特征及内容描述方法二

③ 可以直接双击项目清单中"项目特征"对话框，进入后即可直接手动修改，如图 8-16 所示。

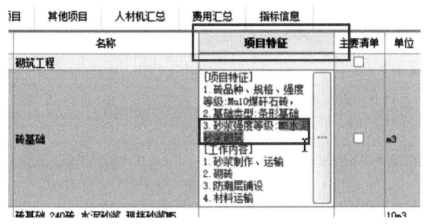

图 8-16　清单特征及内容描述方法三

8.2　计价中的换算

　　由于项目清单描述特征往往会与定额子目信息不匹配，为保证清单与定额的套定一致性，此时则需要对相应定额子目的信息进行换算。

8.2.1　替换子目

　　根据清单项目特征描述校核套用定额一致性的方法称为"替换子目"。如果套用的子目不合适，可直接双击想要修改的项目名称所对应的"编码"，此时软件会自动跳转到"查阅"界面。在"查阅"界面中的"名称"一栏下，单击需要替换的内容，最后单击"替换"按钮，即可完成替换，如图 8-17 所示。

替换子目

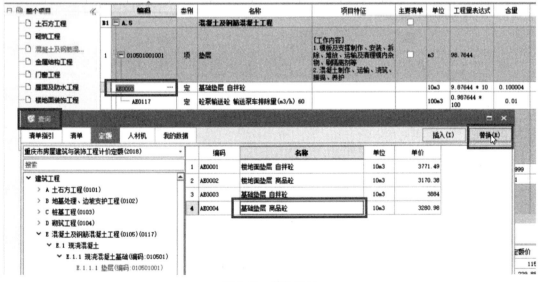

图 8-17　替换子目

8.2.2 子目换算

按清单描述进行子目换算时，主要包括调整人材机系数、换算混凝土砂浆强度等级以及修改材料名称三个方面的换算。接下来，将对这三种换算逐一进行讲解。

子目换算

8.2.2.1 调整人材机的系数

以砌筑工程中砌体墙为例，在定额的说明中规定砌体墙高度按照 3.6m 进行编制，若超过 3.6m，其超过部分工程量的定额人工应乘以系数 1.3，其他保持不变。因此，可以在"标准换算"标签下，选择"换算列表"中相应的内容，并在后面"换算内容"一栏下打钩，如图 8-18 所示。

工料机显示	单价构成	标准换算	换算信息	特征及内容	工程量明细	反查
	换算列表			换算内容		
1	超过3.6m，其超过部分 人工*1.3			☑		
2	弧形 人工*1.2，材料*1.03			☐		
3	换水泥砂浆(特细砂)稠度70~90mm M5		810104010 水泥砂浆(特细砂)稠度70~90mm M5			

图 8-18　调整人材机系数

当该项工程所对应的"类别"一栏中，显示为"换"字时，则表示替换工作已完成，如图 8-19 所示。

局设置	分部分项	措施项目	其他项目	人材机汇总	要
	编码	类别		名称	
	AD0001	定	砖基础 240砖 水泥砂浆 现拌砂浆M5		
2	010401003001	项	实心砖墙(女儿墙240厚砖墙)		
	AD0020 R*1.3	换	240砖墙 水泥砂浆 现拌砂浆M5 超过3.6m，其超过部分 人工*1.3		

图 8-19　人材机系数替换完成

8.2.2.2　换算混凝土砂浆强度等级

(1) 标准换算

选择需要进行换算混凝土强度等级的定额子目，在"标准换算"界面下选择相应的混凝土强度等级，如图 8-20 所示。当替换工作完成时，"类别"一栏也将会变成与上述步骤一致的"换"字。

(2) 批量系数换算

若清单中的材料进行换算的系数相同时，可选中所有换算内容相同的的

换算混凝土

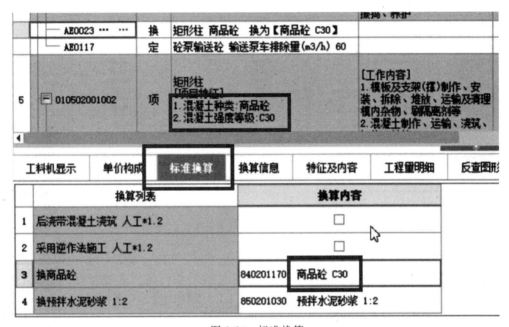

图 8-20　标准换算

清单项，单击常用功能中的"其他"，选择下拉菜单中的"批量换算"，如图 8-21 所示。

图 8-21　批量换算第一步

之后软件会自动弹出如图 8-22 所示对话框，并且可在最下方"设置工料机系数"一栏中分别对人工、材料、机械等项目设定不同的系数，确认无误后单击"确定"按钮，此时"类

别"一栏自动变成"换"字，批量换算完成。

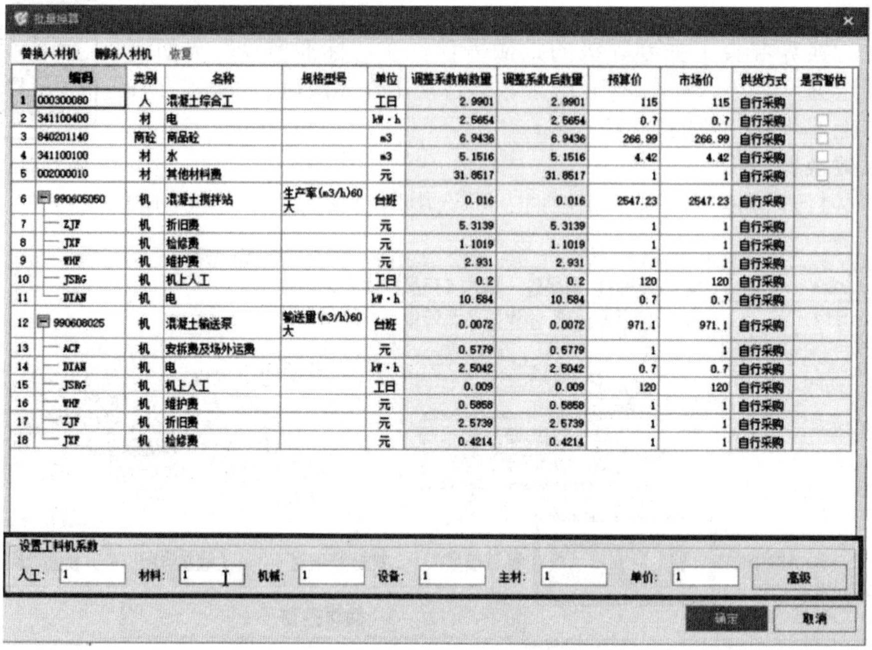

图 8-22 批量换算第二步

8.2.2.3 修改材料名称

若项目特征中要求材料与子目相对应的人材机材料不相符时，需要对材料名称进行修改。此时选择需要修改的定额子目，在"工料机显示"标签下，"规格及型号"一栏中，单击进行输入即可，如图 8-23 所示。

替换子目

修改材料名称

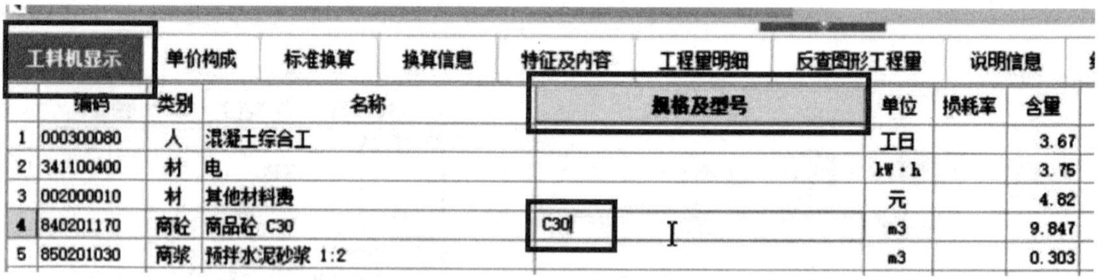

	编码	类别	名称	规格及型号	单位	损耗率	含量
1	000300080	人	混凝土综合工		工日		3.67
2	341100400	材	电		kW·h		3.75
3	002000010	材	其他材料费		元		4.82
4	840201170	商砼	商品砼 C30	C30	m3		9.847
5	850201030	商浆	预拌水泥砂浆 1:2		m3		0.303

（工料机显示 | 单价构成 | 标准换算 | 换算信息 | 特征及内容 | 工程量明细 | 反查图形工程量 | 说明信息）

图 8-23 修改材料名称

8.3 其他项目清单

8.3.1 暂列金额

单击"其他项目"，在左侧导航栏选择"暂列金额"，按招标文件要求分别在"名称""计量单位""暂定金额"处输入相应的信息，其中"工程量""单价"可不填，如图 8-24 所示。

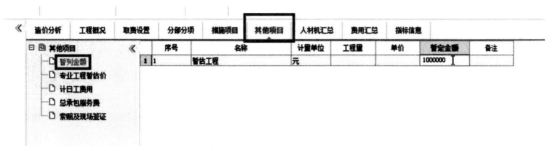

图 8-24　暂列金额

8.3.2　专业工程暂估价

单击"其他项目"，在左侧导航栏选择"专业工程暂估价"，此处以"玻璃幕墙工程"为例，在"工程名称""金额"处输入对应的信息，如图 8-25 所示。如有其他工程的专业暂估价，可依此法自行加入。

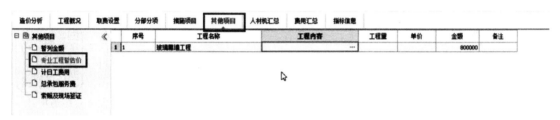

图 8-25　专业工程暂估价

8.3.3　计日工费用

按照项目招标文件要求，项目如有计日工费用，应添加计日工。单击"其他项目"，在左侧导航栏选择"计日工费用"，在"人工"一栏下单击"插入费用行"可输入计日工工种，并输入"单位""综合单价"等信息，如图 8-26 所示。

图 8-26　计日工费用

8.3.4　总承包服务费

在工程建设施工阶段实行施工总承包的时候，当招标人在法律法规允许范围内对工程进行分包和自行采购供应部分设备、材料时，要总承包人提供相关服务和施工现场管理等所需的费用。单击"其他项目"，在左侧导航栏选择"总承包服务费"，并根据实际情况输入相关金额，如图 8-27 所示。

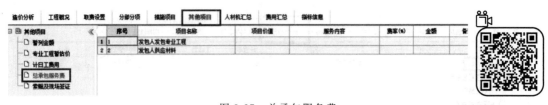

图 8-27 总承包服务费

其他项目清单

8.4 编制措施项目

8.4.1 措施项目的组成

工程措施费是指为完成工程项目施工，发生在该工程项目施工之前和施工过程中非工程实体项目的一系列费用的总称。主要包括临时设施费、环境保护费、文明施工费、安全施工费、夜间施工费、二次搬运费、大型设备进出场及安拆费、混凝土模板及支护费、脚手架费、冬季雨季施工费、施工排水降水费等。

8.4.2 编制措施项

措施项目

在广联达 GCCP5.0 软件操作界面中的措施项目一栏，可以看到措施项目分为施工组织措施项目（总价措施）和施工技术措施项目（单价措施）。如图 8-28 所示，施工组织措施项目包括“组织措施费”“安全文明施工费”“建设工程竣工档案编制费”。对于上述施工组织措施，其取费方法为“计算基数”×“费率”。

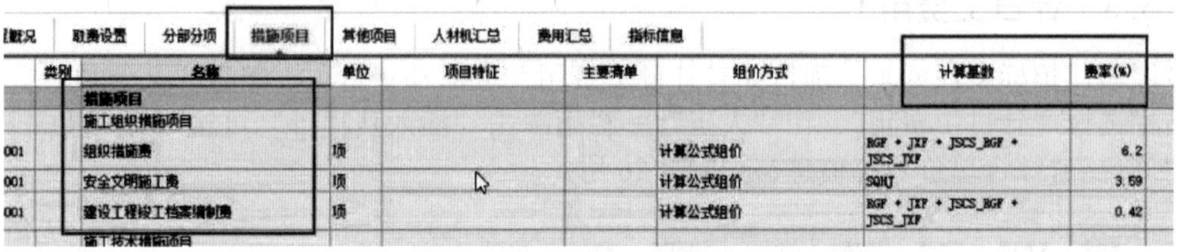

图 8-28 施工组织措施费

施工技术措施则类似于分部分项界面，通过套取清单定额的方式，得出综合单价和综合合价，如图 8-29 所示。

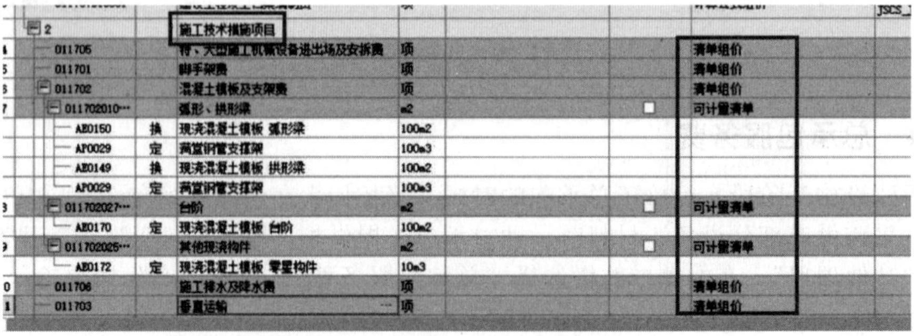

图 8-29 施工技术措施费

8.5　汇总计算

8.5.1　费用汇总

单击"费用汇总"标签，查看"工程费用构成"，即可阅览全部工程的费用，如图 8-30 所示。

	序号	费用代号	名称	计算基数	基数说明	费率(%)	金额	费用类别
1	1	A	分部分项工程费	FBFXHJ	分部分项合计		4,416,285.32	分部分项工程费
2	2	B	措施项目费	CSXMHJ	措施项目合计		934,570.62	措施项目费
3	2.1	B1	技术措施项目费	JSCSF	技术措施项目合计		597,141.27	技术措施项目费
4	2.2	B2	组织措施项目费	ZZCSF	组织措施项目合计		337,429.35	组织措施项目费
5	其中	B2_1	安全文明施工费	AQWMSGF	安全文明施工费		252,412.12	安全文明施工费
6	3	C	其他项目费	QTXMHJ	其他项目合计		1,800,000.00	其他项目费
7	3.1	C1	暂列金额	ZLJE	暂列金额		1,000,000.00	暂列金额
8	3.2	C2	暂估价	ZYGCZGJ	专业工程暂估价		800,000.00	专业工程暂估价
9	3.3	C3	计日工	JRG	计日工		0.00	计日工
10	3.4	C4	总承包服务费	ZCBFWF	总承包服务费		0.00	总承包服务费
11	3.5	C5	索赔及现场签证	SPJXCQZ	索赔与现场签证		0.00	索赔与现场签证
12	4	D	规费	RGF + JXF + JSCS_RGF + JSCS_JXF	分部分项人工费+分部分项机械费+技术措施项目人工费+技术措施项目机械费	10.32	132,534.42	规费
13	5	E	税金	E1 + E2 + E3	增值税+附加税+环境保护税		734,095.31	税金
14	5.1	E1	增值税	A + B + C + D - JGCLSCJHJ	分部分项工程费+措施项目费+其他项目费+规费-甲供材料费	9	655,442.24	增值税
15	5.2	E2	附加税	E1	增值税	12	78,653.07	附加税
16	5.3	E3	环境保护税		环境保护税		0.00	环境保护税
17	6	F	合 价	A + B + C + D + E	分部分项工程费+措施项目费+其他项目费+规费+税金		8,017,485.67	工程造价

图 8-30　费用汇总

8.5.2　查看规费

规费是指根据国家法律法规规定，由省级政府或省级有关权力部门规定企业必须缴纳或计取的费用。其内容主要包括：工程排污费、社会保障费、住房公积金。其他应列未列的规费，应根据省级政府或者省级有关权力部门的规定列项。

通过之前对"取费设置""分部分项""措施项目""其他项目""人材机汇总"各标签内容的编辑，软件自动提取并形成"费用汇总"标签。如图 8-31 所示，单击"费用汇总"标签，选择"规费"选项，即可查看规费的组成及费率。若投标文件对规费有特殊要求及说明的话，可通过单击"计算基数""费率"所在单元格进行修改；若无特殊要求及说明，按软件默认设置即可。

8.5.3　计取税金

税金是指国家依照法律条例规定，向从事建筑安装工程的生产经营者征收的财政收入。通常情况下，营业税按工程结算款的 3% 为税率进行计算，个人所得税按工程结算款的 1% 为税率进行计算，城建税按营业税的 7% 为税率进行缴纳，教育费及附加按营业税的 3% 为税率进行计算缴纳。

对税金进行计价时，方法类似对规费的计价方法。如图 8-32 所示，单击"费用汇总"标签，选择"税金"一栏，即可查看税金的组成、基数以及费率。同样地，若对税金有特殊说明时，亦可采用同规费一样的方法进行修改；若无特殊说明，按软件默认设置即可。

	序号	费用代号	名称	计算基数	基数说明	费率(%)	金额	费用类别
1	1	A	分部分项工程费	FBFXHJ	分部分项合计		4,416,285.32	分部分项工程费
2	2	B	措施项目费	CSXMHJ	措施项目合计		934,570.62	措施项目费
3	2.1	B1	技术措施项目费	JSCSF	技术措施项目合计		597,141.27	技术措施项目费
4	2.2	B2	组织措施项目费	ZZCSF	组织措施项目合计		337,429.35	组织措施项目费
5	其中	B2_1	安全文明施工费	AQWMSGF	安全文明施工费		252,412.12	安全文明施工费
6	3	C	其他项目费	QTXMHJ	其他项目合计		1,800,000.00	其他项目费
7	3.1	C1	暂列金额	ZLJE	暂列金额		1,000,000.00	暂列金额
8	3.2	C2	暂估价	ZYGCZGJ	专业工程暂估价		800,000.00	专业工程暂估价
9	3.3	C3	计日工	JRG	计日工		0.00	计日工
10	3.4	C4	总承包服务费	ZCBFWF	总承包服务费		0.00	总承包服务费
11	3.5	C5	索赔及现场签证	SPJXCQZ	索赔与现场签证		0.00	索赔与现场签证
12	4	D	规费	RGF + JXF + JSCS_RGF + JSCS_JXF	分部分项人工费+分部分项机械费+技术措施项目人工费+技术措施项目机械费	10.32	132,534.42	规费
13	5	E	税金	E1 + E2 + E3	增值税+附加税+环境保护税		734,095.31	税金
14	5.1	E1	增值税	A + B + C + D - JGCLSCJHJ	分部分项工程费+措施项目费+其他项目费+规费-甲供材料费	9	655,442.24	增值税
15	5.2	E2	附加税	E1	增值税	12	78,653.07	附加税
16	5.3	E3	环境保护税				0.00	环境保护税
17	6	F	合 价	A + B + C + D + E	分部分项工程费+措施项目费+其他项目费+规费+税金		8,017,485.67	工程造价

图 8-31　项目规费的组成

汇总计算

	序号	费用代号	名称	计算基数	基数说明	费率(%)	金额	费用类别
1	1	A	分部分项工程费	FBFXHJ	分部分项合计		4,416,285.32	分部分项工程费
2	2	B	措施项目费	CSXMHJ	措施项目合计		934,570.62	措施项目费
3	2.1	B1	技术措施项目费	JSCSF	技术措施项目合计		597,141.27	技术措施项目费
4	2.2	B2	组织措施项目费	ZZCSF	组织措施项目合计		337,429.35	组织措施项目费
5	其中	B2_1	安全文明施工费	AQWMSGF	安全文明施工费		252,412.12	安全文明施工费
6	3	C	其他项目费	QTXMHJ	其他项目合计		1,800,000.00	其他项目费
7	3.1	C1	暂列金额	ZLJE	暂列金额		1,000,000.00	暂列金额
8	3.2	C2	暂估价	ZYGCZGJ	专业工程暂估价		800,000.00	专业工程暂估价
9	3.3	C3	计日工	JRG	计日工		0.00	计日工
10	3.4	C4	总承包服务费	ZCBFWF	总承包服务费		0.00	总承包服务费
11	3.5	C5	索赔及现场签证	SPJXCQZ	索赔与现场签证		0.00	索赔与现场签证
12	4	D	规费	RGF + JXF + JSCS_RGF + JSCS_JXF	分部分项人工费+分部分项机械费+技术措施项目人工费+技术措施项目机械费	10.32	132,534.42	规费
13	5	E	税金	E1 + E2 + E3	增值税+附加税+环境保护税		734,095.31	税金
14	5.1	E1	增值税	A + B + C + D - JGCLSCJHJ	分部分项工程费+措施项目费+其他项目费+规费-甲供材料费	9	655,442.24	增值税
15	5.2	E2	附加税	E1	增值税	12	78,653.07	附加税
16	5.3	E3	环境保护税				0.00	环境保护税
17	6	F	合 价	A + B + C + D + E	分部分项工程费+措施项目费+其他项目费+规费+税金		8,017,485.67	工程造价

图 8-32　项目税金的组成

8.6　导出投标书

8.6.1　项目自检

首先，单击任务栏中的"电子标"，在电子标的页面之下，单击左侧"生成招标书"，如图 8-33 所示。

单击"生成招标书"之后，软件会自动出现如图 8-34 所示对话框。

此时，如果已对项目进行过自检且没有问题，请单击"否"；若尚未进行过自检工作，则需要单击"是"。

单击"是"之后，软件会自动弹出如图 8-35 所示对话框。

在开始自检之前，可以通过对图 8-35 对话框左侧设置项的勾选，选择需要进行自检的项目。如需要检查全部项目，单击"全选"即可。在选择好需要自检的项目后，单击图 8-20 中

图 8-33 生成电子投标书

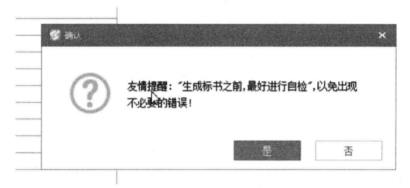

图 8-34 自检提示

图 8-35 项目准备自检对话框

的"执行检查"按钮，自检开始。

自检结束后，如果发现问题，软件则会弹出如图 8-36 所示对话框。对问题进行修改时，双击即可快速定位到相应的清单定额子目下，之后手动输入修改即可。

检查结果	备注：1.双击可定位 2.右键可复制粘贴					筛选检查结果
	编码	名称	特征	单位	单价	备注
2	清单综合单价不一致					
3	010401005	空心砖墙	【工作内容】 1.砂浆制作、运输 2.砌砖 3.刮缝 4.砖压顶砌筑 5.材料运输	m3		
4	0104010050 02	空心砖墙	【工作内容】 1.砂浆制作、运输 2.砌砖 3.刮缝 4.砖压顶砌筑 5.材料运输	m3	467.11	1号办公楼\公共建筑工程
5	0104010050 01	空心砖墙	【工作内容】 1.砂浆制作、运输 2.砌砖 3.刮缝 4.砖压顶砌筑 5.材料运输	m3	467.12	1号办公楼\公共建筑工程
6	010502001	矩形柱 【项目特征】 1.混凝土种类:商品砼 2.混凝土强度等级:C30	【工作内容】 1.模板及支架(撑)制作、安装、拆除、堆放、运输及清理模内杂物、刷隔离剂等 2.混凝土制作、运输、浇筑、振捣、养护	m3		
9	010505001	有梁板 【项目特征】 1.混凝土种类:商品砼	【工作内容】 1.模板及支架(撑)制作、安装、拆除、堆放、运输及清理模内杂物、刷隔离剂等	m3		

| 1 | 0 | | | 0 | ☑ |

图 8-36　项目自检问题修改

待自检发现的问题修正之后，即可单击图 8-36 中的"取消"按钮，关闭对话框。

8.6.2　导出招标书

完成 8.6.1 相关步骤之后，软件会自动弹出如图 8-37 所示的对话框。在此对话框下，选择好相应的保存路径以及招标文件类型，单击"确定"按钮，即可导出招标书。

导出招标书

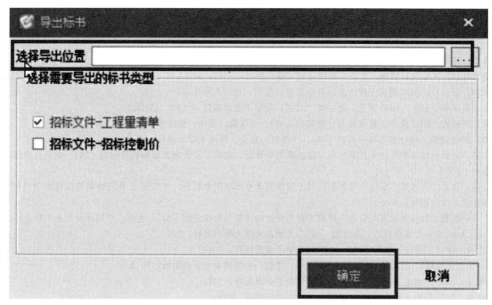

图 8-37　导出招标书

当出现如图 8-38 所示对话框时，电子标书导出成功，任务完成。

图 8-38　成功导出电子标书

参 考 文 献

[1] 阎俊爱, 张素姣. 建筑工程概预算. 北京: 化学工业出版社, 2019: 2-18.

[2] 成虎, 陈群. 工程项目管理. 北京: 中国建筑工业出版社, 2015: 14-20.

[3] 刘永坤, 张玲玲. BIM建筑工程计量与计价实训. 重庆: 重庆大学出版社, 2020.

[4] 朱溢, 黄丽华, 赵冬. BIM算量一图一练. 北京: 化学工业出版社, 2016: 35-48.

[5] 冯伟, 李殿佐. BIM建筑工程计量与计价实训 [M]. 北京版. 重庆: 重庆大学出版社, 2020.

[6] 刘霞. BIM建筑工程计量与计价实训 [M]. 江苏版. 重庆: 重庆大学出版社, 2020.

[7] 张向荣, 北京广联达软件技术有限公司. 透过案例学算量: 建筑工程实例算量和软件应用 [M]. 北京: 中国建材工业出版社, 2006.

[8] 张允明, 北京广联达慧中软件技术有限公司工程量清单专家顾问委员会. 工程量清单的编制与投标报价 [M]. 北京: 中国建材工业出版社, 2003.

[9] 北京广联达慧中软件技术有限公司. 建筑工程工程量的计算与软件应用 [M]. 北京: 中国建材工业出版社, 2005.

[10] 王帅. BIM应用与建模技巧: 初级篇 [M]. 天津: 天津大学出版社, 2018.

[11] 商大勇. BIM工程项目造价 [M]. 北京: 化学工业出版社, 2019.

[12] 鲁丽华, 孙海霞. BIM建模与应用技术 [M]. 北京: 中国建筑工业出版社, 2018.

[13] 程国强. BIM工程施工技术 [M]. 北京: 化学工业出版社, 2019.

[14] 李建成. BIM应用·导论 [M]. 上海: 同济大学出版社, 2015.